# 猫咪心事  ② 猫咪喂养指南

[美] 雅顿·摩尔◎著　何云◎译
Arden Moore

THE
KITTEN OWNER'S
MANUAL

U0338697

北京理工大学出版社
BEIJING INSTITUTE OF TECHNOLOGY PRESS

版权专有　侵权必究

**图书在版编目（CIP）数据**

猫咪心事 . 2, 猫咪喂养指南 /（美）雅顿·摩尔著；何云译 . —北京：北京理工
大学出版社，2019.5

书名原文：The Kitten Owner's Manual

ISBN 978-7-5682-6853-0

Ⅰ . ①猫…　Ⅱ . ①雅…②何…　Ⅲ . ①猫—驯养—指南
Ⅳ . ① S829.3

中国版本图书馆 CIP 数据核字（2019）第 068199 号

The Kitten Owner's Manual

Copyright © 2001 by Arden Moore

Originally published in the United States by Storey Publishing, LLC.

This edition arranged through CA-Link International LLC.

北京市版权局著作权合同登记号：图字01-2018-9146号

出版发行 / 北京理工大学出版社有限责任公司

社　　址 / 北京市海淀区中关村南大街 5 号

邮　　编 / 100081

电　　话 /（010）68914775（总编室）

　　　　　（010）82562903（教材售后服务热线）

　　　　　（010）68948351（其他图书服务热线）

网　　址 / http://www.bitpress.com.cn

经　　销 / 全国各地新华书店

印　　刷 / 三河市腾飞印务有限公司

开　　本 / 710 毫米 ×1000 毫米　1/16

印　　张 / 14.75　　　　　　　　　　　　　　责任编辑 / 赵兰辉

字　　数 / 270 千字　　　　　　　　　　　　　文案编辑 / 王　彤

版　　次 / 2019 年 5 月第 1 版　2019 年 5 月第 1 次印刷　　责任校对 / 周瑞红

定　　价 / 48.00 元　　　　　　　　　　　　　责任印制 / 施胜娟

图书出现印装质量问题，请拨打售后服务热线，本社负责调换

致谢

我要感谢所有的兽医、动物行为学家、动物收容所的负责人和那些慷慨与我分享自己见解的猫主人，正是由于他们的帮助，才使得这本书能够顺利完成。我还要向兽医罗威尔·艾克曼、罗杰·瓦伦汀和卡伦·奥佛尔；动物行为学家约翰·怀特、拉里·拉赫曼和吉特·詹金斯；以及美国人道主义协会的南希·彼得森"举起爪子"，表达猫式的特别感谢。最后，我要向我的编辑南希·灵格表达衷心的感谢，是她给了我这个极好的机会，和全球猫迷们分享与交流养猫的心得和体会。

THE KITTEN OWNER'S MANUAL

献给全世界的小猫咪，献给那些内心依然顽固地坚持小猫咪状态的猫猫们。

特别是卡利、小家伙（又叫做"公子哥"）和墨菲。

序

　　养猫真的很容易，这些小家伙会让家里非常温暖、有吸引力。当你需要朋友的时候，它们用善解人意的眼神盯着你，似乎能读懂你的心思。如果你必须在某个周末离开家，它们也会平安无事。但是对那些从来没有与猫共居一室的人来说，成为猫的守护者，其前景似乎不很乐观。那么，你所听说过的关于猫的一些说法是否可信呢？

　　不用担心，三人行必有我师。在本书中，获奖作者雅顿·摩尔甚至能够帮助最严重的"憎猫症"患者成功地收养猫咪，并在最开始的 18 个月中对猫咪精心照顾。一路走来，作者用一些令人着迷的科学事实取代了那些毫无根据的陈词滥调；用基于人格分析提出的指导意见取代了选宠物时靠拍脑袋做出的决定；用让人充满期待的喂养出完美猫咪的方法取代了"我会像养狗一样养猫"这样的想法。

　　书中用表格的形式对困惑的主人们提出的各种问题进行了浅显易懂的解答。各种饶有趣味的主题以及解读猫咪有声或者无声信号的贴士；如何挑选最适合猫咪的玩具并在安全的环境下创造最大的乐趣；成功训练猫咪

在猫砂盆里大小便；常用的全面健康提示；并教你一些对付猫咪的小窍门。本书还包括清晰而有步骤的关于制作猫用家具和玩具的指导，以及绝大多数新主人想到或想不到的、各种有帮助的建议。

　　本书帮助新主人们获得了更多的关于收养第一只猫咪的知识和信心。那么，如果你决定收养第二只呢？

　　当然，雅顿·摩尔也解决了如何将一只新猫咪"介绍"给你家土著猫的问题。

　　　　　　　　　　　　　　　　——约翰·C·怀特，哲学博士

　　　　　　　　　　　　　　　　　　　动物行为学家

　　　　　　　　　　　　　　　　　《你的猫疯狂吗？》作者

前言

猫咪们能干出最令人难以置信的事情。比如，它们会跟你的脚趾摔跤，伏击你的脚踝，啃你的指尖。它们可以像杂技演员一样蹦跳，像短跑运动员一样冲刺，像中后卫球员一样突袭。它们用温柔的眼神冲着你眨眼睛，仰起自己的下巴，发出尖细的"喵喵"声。

即使它们"犯坏"，也会让你快乐无比。当猫猫发现你的花盆是藏匿玩具老鼠的好地方时，你很难对这个好奇的小家伙怒目而视。或者你的猫咪爬上了冰箱顶，只是为了对自己的家作一个"全景观察"，你也只能一笑置之。

它们是我们淘气的玩伴，安静的知心朋友，具有治愈作用的大腿"坐"家，全身毛茸茸软乎乎的"球"。在你还没有意识到的时候，它们就变成了猫族社会里的成年人。但很多猫仍保留了小猫时期的本性。

我知道，当我把一根鞋带在13岁的"小家伙"（我的虎斑猫）面前晃来晃去的时候，它依然会忍不住伸出爪子去抓。墨菲虽然只有1岁大，可它亦步亦趋地学习"小家伙"的动作，对抓鞋带也是跃跃欲试。在"小家伙"

温和的指导下，墨菲这个好学的学生还学会了如何进行团队协作和如何排队进食。它的抓挠动作更迅速，但更多的时候它都是充当"靶子"。

　　让我们来了解猫咪有哪些骗人的"小伎俩"。它们不是一出生就附赠喂养手册的，大多数情况下，我们得摸着石头过河。这本书可以帮助你，手里拿着一本内行人士专业的养猫指导。学习如何应付夜晚的脚趾伏击，并让自己的植物能够"猫口逃生"，了解为什么你的猫咪对着乌鸦会发出"呼噜呼噜"的声音。你一定要意识到把这些猫咪朋友关在室内，并给它们带上能够标识身份的项圈或者植入身份识别的芯片，是十分重要且必要的。

　　作为一名猫主人，你会有很多问题，而本书能提供很多答案。你有机会变得像猫猫一样好奇，并且在阅读这本书的过程中享受到各种乐趣。

　　来吧，举起爪子吧！！！

目录

THE
KITTEN
OWNER'S MANUAL

第 1 章

成长的道路充满沟通

> 最小的猫科动物也是造物主了不起的创造。
>
> ——莱昂纳多·达·芬奇

奇妙的一年开始啦！你的小猫咪马上就要开始一段为期12个月的令人兴奋的旅程和探险，而你将成为支持它的向导。

它成长的道路将充满身体和精神上的磨炼和欢乐，一路上的经历将会成为猫咪成长的里程碑。了解为什么你家的猫咪会变成现在的样子，将会使你们的友谊更加牢固并充满趣味。

于是就有了沟通的问题。没错，我们不会对猫说话，猫也不会向人们倾诉，但是所有的沟通都能体现在声调和肢体语言当中。观察你的猫咪，并倾听它会告诉你些什么。

## 成长的记号

在玩耍的时候，猫咪也许会有一些令人匪夷所思的举动。在它整个身心发育与成长的过程中，还有很多标志性的行为。

Q：第 1 个月，猫咪会发生些什么事情呢？

A：刚生出的两周内，猫咪依靠触觉、味觉生活，因为它听不到也看不到。它的母亲是它唯一的食物来源和温暖的依靠，母猫为小猫清理粪便、为它洗脸。在大约 3 周的时候，猫咪开始熟悉周围的环境，这使它意识到外面的世界非常让人激动，也充满了危机。同胞之间为了等级和地盘将开始无伤大雅的竞争，乳牙也开始从牙床上长出来。

Q：第 2 个月，猫咪会有哪些情况呢？

A：这时的猫咪感官已发育完全，可以毫不费力地找到自己的母亲。在 8 周大的时候，猫咪应该可以完全断奶，并能够吃固体食物。猫咪的肌肉已经强壮到足够让它奔跑、跳跃、与同胞玩耍。你可以学学它们在玩耍时发出的尖厉的叫声，这种叫声可以防止将来猫咪的撕咬伤害到你。这时的猫咪已具备充分的眼—爪协调能力，并能够用玩具进行捕食练习，同时还拥有了越过障碍的协调能力（**捕猎**是猫咪与生俱来的能力）。

它的神经—肌肉系统已经足以控制它的膀胱，使它能够在远离猫窝的猫砂盆里排泄。猫咪也开始注意打扮自己，并且为其他猫咪进行梳理。

你可以利用这段时间培养你的猫咪，使它习惯于被主人检查爪子、耳朵和嘴巴。

Q：在 3～7 个月，猫咪会有什么样的成长经历呢？

A：你家猫咪的恒牙将在这段时间长出来，所以需要咀嚼些东西以

缓解牙床的疼痛。同样，猫咪在 6 个月的时候，身体大小将达到成年时身形的 80% ～ 90%，这是外观上发生的变化。

而在身体内部，你家猫咪的野性开始消失，而独自探索的渴望则会与日俱增。它很想体验一下通过观察母亲和别的同胞学来的经验，这时可以训练猫咪进行搜集、抛接、用爪子、嘴抓住物体以及开始追逐尾巴和跳跃。这个时期也可以称为等级确定阶段，因为这些行为成功与否将决定它在家庭成员中占主导地位还是从属地位。

它的性激素在这个阶段也全面形成。如果没有进行绝育手术，雌性猫咪将经历第一次发情期（正是叫春阶段，绝对需要为它进行绝育手术）；这也是它第一次有机会怀孕。因为一只没有接受过绝育手术的雄性猫咪正在你家周围逡巡，满心希望能当上爸爸。

### 猫咪的真相

养一只猫当然无法与购买一辆汽车相提并论，但还是要确保充足的养猫的各种预算。养在家里的猫平均寿命是 14 岁，你将为它花费 6650 美元，其中包括食物、垃圾清理、医疗护理、美容和玩具等。

Q：在 8 ～ 12 个月这段时间里，又会发生什么呢？

A：当猫咪的肌肉发育完全的时候，它的成长就算告一段落了。到一周岁时，它应该达到成年后体重、智力和心态的 95%。专家们说达到完全的成熟度还会需要几个月的时间。处在"青少年"时期的猫咪总想挑战家里的规矩，并想看看自己的行为极限，这段时间就是我们所说的青春期（例如在闹钟响起前 2 个小时，它就跑来叫醒你）。

Q: 猫咪的生活习性是怎样的?

A: 主要有 5 条, 这些习性可以帮助你了解你家猫咪是怎样想的。

1. 更喜欢有规律的生活。它们喜欢在固定的时间醒来、吃饭, 并在某一时间希望你能够在家。它们很快就了解了你的日常起居, 并依此调整自己的习惯。这也可以从某种程度上解释为什么有些猫会在闹钟响起几分钟之前叫醒你, 好像它们身体里有一个闹钟, 提醒着: 该起床了, 新的一天开始了。

2. 讨厌困惑的感觉, 也讨厌改变。这一规则解释了为什么当你姐姐一家突然造访, 并在你家过夜时, 它会在大家一起拆行李的时候, 躲到床底下。

3. 具有领地意识。处在自己熟悉的环境中, 它们才感觉最舒服。而狗狗则恰好相反, 属于群居动物, 狗狗更愿意跟随它们最喜欢的人类伙伴一起去新的、陌生的地方。而猫咪则喜欢待在家里, 你家就是它们的城堡。

4. 喜欢睡觉。有些猫咪打盹的时间可以达到每天 17 个小时, 我只见过一只患有失眠症的猫咪。猫咪有自己喜欢的打盹地点, 有些喜欢在充满阳光的地方, 有些则更愿意在阴影中梦会周公; 有些喜欢在高处打盹, 而有些却偏好蜷缩在角落里。

5. 猫咪的坦率让人刮目相看。它们从不掩饰自己的感情, 从不撒谎。如果它们不想坐在你的腿上, 这些家伙就会成为逃脱大师, 而且最终总能脱身。请不要觉得受到冒犯, 此时此刻, 它们也许只是更想换个地方。相反, 如果想依偎在你的身边, 它们也会毫不客气地跨过来, 趴在你和那本无法释手的惊悚小说之间。不用多想, 你的猫咪一定在说:"嘿, 看着我, 把注意力放在我身上。"

## 简单的语言

很多时候，猫咪在语言方面的悟性都会令我们人类汗颜。多数情况下，猫咪们能够读懂并回应我们的肢体语言，这要比我们读懂它们的肢体语言强得多。这也就可以解释当你走上前要带它去宠物医院的时候，它会变得有些神经质，并冲到床底下去；或者，几秒钟前，当你走向厨房并自言自语道"有好吃的"，它会一路紧跟着，等着一顿大餐。

猫咪们也是直肠子，从来不屑于欺骗或者假装。不像我们，猫咪们不会用俚语、双关语或者讽刺挖苦把自己的语言搞得混乱不堪。如果你的猫咪发飙了，它也许会吐吐沫或者用力拍击。如果它觉得好玩，可能会快乐地摇摆。如果它希望独处，就会自己待在一个安静的地方，而丝毫不会感到内疚。

猫有令人感动的忠诚。

人类，由于种种原因，会隐藏自己的感受，但是猫不。

**——欧内斯特·海明威**

Q：为什么我家的猫咪在不同的时候，会发出不同的声音。它想要告诉我什么呢？

A：猫咪们不用非得说英语，它们的简单语言对它们来说非常合适。但是如果你注意的话，会发现猫咪之间会通过不同的语调和肢体语言进行交流，这就需要主人仔细倾听和学习。

● **咪咪叫**：你的猫咪发出这种声音意味着它需要你的关注。它可能在说："来陪我玩吧——现在就来！"或者"很晚了，你整晚都去哪里了？"

- **颤音**：这种音乐一样的颤音就好像是疑问句的问号，它传递的是一种只对人类，而不是向其他猫发出的问候。这可能意味着，"欢迎回家"或者"我刚刚打了个盹儿，见到你真的很高兴。"

- **呼噜声**：猫有一种独特的技巧，能够在闭着嘴吸进呼出空气的时候，发出这种类似发动机旋转的声音，每秒能够发出 26 次这样的呼噜。如果发出呼噜声，表明它们很快乐——比如有人给它们做按摩——但是奇怪的是，当它们面临压力的时候，比如在飞驰的汽车里或者要去看兽医的时候，也会发出这种声音。

- **低语声**：这种很短，有一定节奏的"brrrp-brrrp"的声音是一种非常简短的问候，就好像我们的"嗨"。猫咪经常会在你吃东西的时候围着你的脚踝绕 8 字，同时发出这种声音。

- **喵喵声**：这完全是猫咪呼唤妈妈时发出的声音。年幼的猫咪在需要喂食的时候，还会发出非常尖锐的声音。

- **咔咔声**：喜欢眺望的猫咪在盯着鸟类的时候，会发出"kakaka"的像机关枪一样的声音，它们的下颌会不断颤动。这是一种猫咪在无法抓到自己的猎物时才会发出的沮丧的声音：那只麻雀在树枝上嘲笑我。

- **哈哈声**：你的猫咪在明白无误地告诉你"后退"。当发出这种警告声音的时候，它的嘴张开着，牙齿外露。如果不小心，就会领教到猫爪的厉害。

- **劈啪声**：这种短促、爆破性的声音经常会在哈哈声之前或者之后出现。你的猫咪会发疯似的跳跃，而且还会充满抵抗精神。它想表达的意思是："如果你敢碰我，我就挠你。"

Q: 为什么我家的猫咪会发出呼噜声?

A: 专家们还没有查明猫咪为什么要发出这种声音,但是有人怀疑这种呼噜声是由身体中一种被称为脑内啡的促进身体放松并产生良好感觉的荷尔蒙所激发的。这些荷尔蒙会在极端情况下释放出来,有可能是在愉悦的时候,也有可能是在害怕的时候。这就可以解释为什么受到惊吓的猫咪也会突然在兽医的诊所里发出这种声音。

Q: 为什么我家的猫咪总喜欢与别人搭讪?

A: 发出声音只是你家猫咪与你和其他人沟通的一种方式。有些品种的猫咪,比如暹罗猫,会比其他品种的猫更加饶舌。但是,如果你家的猫平时比较文静,最近突然变得非常聒噪,很可能是因为身体疼痛或者不舒服,你需要带它去看兽医,进行检查。

如果你家的猫咪非常健康,那么它可能只是想得到你的关注。当它持续发出声音时,作为反馈,你可能会给它喂食、呼唤它、拥抱它或者和它说话。有些被解救的猫咪也会不断发出声音,那是因为它们想到外面去。进行绝育或者阉割手术可以控制荷尔蒙的分泌来抑制这种想要到户外活动的冲动。同时,你还要为它留出一个窗台,让它在室内安全的眺望台上观看户外的各种景色。和它玩游戏,把玩具和食物藏在屋子的各个角落让它去寻找,以此来分散它的注意力。

当然,有些猫咪会因为最喜欢的人或者某个宠物朋友死去或者离开而不断发出声音,就像人一样,猫咪也会通过发出声音来表达自己的悲伤和痛苦。这时,你要保持以前的作息规律,同时多给它一些爱抚,这种发出声音的行为就会逐渐减少。

Q：我应该怎样和我家猫咪说话呢？

A：最快乐的猫咪会觉得自己就是家里的一分子，所以要经常和你家猫咪说话。当你回家的时候，要向它问好。当你去厨房，从它身边经过的时候，和它打个招呼，让它知道自己在你的生活里有一定的地位。

要用安抚、恭维的语调，这样它才不会觉得自己被忽视了。而且每次开始和它进行交谈的时候都要叫它的名字，这样做会帮助它识别自己的名字。更重要的是，它习惯了将听到自己的名字和一些好的事情联系起来，比如赞美、得到友善的抚摸，或者一顿丰盛的晚餐。

Q：如果冲着我家猫咪喵喵叫，会有什么好处呢？

A：听起来似乎有点傻，不过偶尔模仿你家猫咪的声音也不错。当你家猫咪冲着你喵喵叫的时候，也许在问你："嗨，你看见站在喂鸟器上的那只大乌鸦了没？"你可以给它一个调皮的眨眼动作，然后喵一声。不要担心你的喵声会被理解成"是的，今天是周二"。语词在翻译的时候也许会有所缺失，但是友善不会，哪怕是最糟糕的模仿，你的猫咪也一定会表示感谢。

Q：猫咪会有不同的性格吗？即使它们是一母同胞？

A：没错。猫咪的兄弟姐妹会像你的兄弟姐妹一样秉性各异，即使是双胞胎。你会发现有的小猫非常害羞、胆怯，有的则相当的闹腾，永远精力充沛；有些愿意服从别人，而有的则非常有"领袖范儿"。

多数情况下，猫咪们会把自己的生活安排得井然有序，不需要你的介入。和狗狗不一样，猫咪不喜欢等级森严的环境。生活在同一个屋檐下的一群猫咪中不会只有一个"头领"，一只猫可能会负责食物，而另一只则会占领你的膝盖，第三只则负责守护那些玩具。

# 更喜欢用肢体交谈

　　猫咪们似乎更喜欢用自己的身体，而不是用嘴进行交谈。我会介绍其中一些经典的沟通方法。

| 猫咪的真相 |
| --- |
| 　一窝猫咪的数量可能从 1 只到 10 只不等，平均数量是 5 只。世界纪录属于一只来自南非的波斯猫——蓝铃，它一窝生了 14 只猫咪！ |

Q：我需要了解猫咪哪些最基本的肢体语言呢？

A：不太确定你家猫咪想要跟你说些什么吗？下面是一些通用的暗示。

- 一只允许你触碰并摆弄它爪子的猫咪，是非常信任你的。
- 猫咪肌肉放松、后背着地的时候表明它觉得安全、舒服。
- 猫咪如果不停地在你膝盖上抓挠，说明它希望得到爱抚。如果它执意要跳到你的大腿上，是想证明它对你的控制。
- 一只猫咪向你走过来，低下头，并且和你头碰头的接触（就是猫主人所说的以头相碰），是因为它非常喜欢你。
- 一只将耳朵下压，瞳孔放大的猫咪，表明对所处环境感到不自在，也许会投入战斗或者逃走。
- 一只猫咪如果不断用舌头舔着自己的嘴唇，说明它有些紧张、焦虑。
- 一只猫咪如果摇自己的尾巴，耳朵不断前后耸动，这是典型的"别再拍我了"的身体姿势。

Q: 猫咪如何用自己的耳朵进行沟通?

A: 你绝不能只局限于阅读猫咪的身体部分, 耳朵也能够传递重要信息。信不信由你, 猫咪的每一只耳朵上都有 30 块肌肉进行协作运动, 而我们人类则只有 6 块肌肉。这些肌肉可以进行 180 度的旋转, 使猫可以不用转动头部就能听到声音。猫耳朵要比人类多 4 万多条听觉神经纤维, 这使猫能够很容易地听到非常高频或者非常低频的声音。

耳朵指向前方一般表示友善的兴趣或者警惕。耳朵背向后方则意味着一些极端的感觉——完全放松或者极为紧张。耳朵放平或者朝向两边经常意味着猫咪的兴趣受到激发。耳朵压向头部通常是恐惧和屈服的信号。我想事先警告你: 一只容易受惊的猫咪会在认为自己无路可逃的时候发起攻击。

Q: 我家猫咪的眼睛会告诉我些什么?

A: 通过眼睛可以看到猫咪的性格。让我们一起进入下一个环节吧。

- **坚定不移的凝视**: 一只目不转睛地盯着某人或者某种动物的猫咪, 绝对是挑战的意思。

- **瞳孔放大**: 猫咪的瞳孔对光是非常敏感的。它们的瞳孔会在面对明亮光线的直射时收缩, 在暗处则会放大以使自己能够适应环境。不过, 在光线充足的地方, 如果发现猫咪的瞳孔放得很大只能说明一件事情: 紧张或者受惊。

- **眼睛睁得非常大**: 当猫咪希望获得你注意的时候它的眼睛会睁得非常大。你可以利用这种惹人怜爱的机会来练习一些良好的行为, 猫咪在这时候是一个求知欲旺盛的学生。

- **半睁的眼睛**: 这意味着非常放松的猫咪打盹的时间就要到了。如

果它允许你在它非常放松的时候触摸当然是信任的信号。一只猫如果给了你一个眼睛半睁半闭的表情，那是在向你表示谄媚，所以你也需要睡眼蒙眬地向它眨一眨眼。

● **闭上的眼睛**：你的猫咪几乎或者已经进入梦乡。让它睡吧。

**Q：胡子起什么样的作用？**

**A：**胡子可以伸向脸的两侧，能够起到探测空间的作用。如果你仔细观察，就可以发现你家猫咪每侧脸有 24 根胡子，共分为 4 簇。猫咪依赖这些胡子来获取周围环境的信息。这些胡子遇到坚硬的地方，会扭转。如果在一个狭窄的出口，胡子的宽度能够通过，猫咪就知道身体的其余部分也能够顺利通过。

受到惊吓的猫咪会将胡子贴向面颊，放松时的猫咪则会放任胡子向外伸展，被激怒的猫咪则会将胡子伸向前方。

**Q：猫咪的尾巴能够传递哪些信息呢？**

**A：**猫咪的尾巴更像是一个情绪的压力表。当猫咪向你走来，尾巴轻松地向上翘起，表示自信和满意。当它用尾巴尖轻轻敲打你的时候，一定在说"你好，我的好伙伴"。小幅度的摆动则表示放松警惕。

换言之，当猫咪尾巴的毛膨胀得像一个鸡毛掸子的时候，表明它受到惊吓而且很害怕。如果它的尾巴大幅度地摆动或者不断地敲击地面，你需要注意了：有些事情或者某些人让它感到厌烦或者愤怒。

猫咪走路的时候，如果尾巴和地面保持平行，则意味着它对某件事情有一定的兴趣。兴致不高的猫咪，则通常会把尾巴夹在两腿中间。

Q：猫咪的情绪会通过它的毛表现出来吗？

A：是的，即使是猫咪的毛也能够表达出它的情绪。如果突然被玻璃杯砸在瓷砖地面上的声音吓到，猫咪会弓起后背，全身的毛乍开，根根直立。但是如果猫咪真正受到了惊吓，则只会竖起脊柱附近的毛和尾巴上的毛，因为它努力想使自己在威胁者眼中，看上去更高大、更具有威慑力。

Q：猫咪把头在家具上蹭来蹭去时，想要传递什么信息呢？

A：它在为自己划地盘，在沙发、茶几、壁柜上插上猫咪旗帜，表明"这是我的财产"。它使用一种由面颊、前额和嘴边上的腺体散发出来的，被称为"费洛蒙"的化学物质进行标示。

Q：为什么我家猫咪会在我的腿上蹭来蹭去？

A：猫咪大多数的交流都是通过肢体语言而不是通过叫声进行的。如果它在你的腿上蹭——而你知道它会这样做——那是在对你进行标示。它这样做是在向其他运用气味的高手宣称"嘿，这个是**我的**。"别担心，你完全可以将这种行为看作是猫咪在向你献媚。

Q：为什么猫咪会有类似"揉面团"的动作？

A：这种行为，有时候被猫主人称为"踩奶"。猫咪小时候，会边吸奶边用爪子按揉母亲的乳房；长大后，猫咪会在快乐和满足的时候情不自禁地做"踩奶"的动作。

Q: 抄手这个词是什么意思?

A: 猫咪在感到安全和自信的时候,经常会把前爪蜷起来放在胸前,这就是猫主人常说的抄手。猫咪只是简单地将前腿蜷缩在身体下面,相反,一只时刻保持警惕的猫咪通常会肌肉紧张,前爪直伸出来,以方便随时逃走。

Q: 为什么我家猫咪有时候显得非常冷漠?

A: 用已故的葛丽泰·嘉宝的话说,就是"我想一个人待着",不针对某个人。对猫咪来说,跟人类一样,有时候需要放空自己、更新自己。

下次,当你看到你家猫咪蜷缩在窗边眺望或者趴在它最喜欢的阳光之中,不要认为它只是懒惰,也许它正在冥想,使自己达到"天猫合一"的状态。我的动物行为学家朋友们称这种行为为沉默的艺术。当猫咪这样做的时候,它们会清理自己的思想,降低心跳速度,降低血压,享受宁静的感觉。

所以,不要打扰坐在窗边眺望的猫咪,接受它给出的暗示,每天给自己5分钟纯粹的、不受打扰的孤独时间。

## 成长也麻烦

啊呀!我家猫咪没心情跟我玩了。先了解一下是什么造成了这种不高兴的心情,能帮你更进一步解决现实的问题。

Q: 猫咪有压力,从哪些方面可以看出来?

A: 你那只疲惫不堪的猫咪也许会有以下一些或者所有的行为。

- 过分梳理自己的皮毛。

- 比平时进食更少或者更多。

- 突然向着墙壁喷射尿液或者跑到窝外。

- 行为更加消沉或者具有攻击性。


Q：是什么给猫咪造成了压力？

A：猫咪们虽然不用支付账单，也不用确保自己能够按时上下班，但是它们也有自己的压力。你要尽一切可能减少猫咪所承受的压力，很多事情可能将它们逼到绝境，动物行为学家将以下这些列为造成压力的主要原因。

- 将一个在户外游荡的动物变成家养宠物。

- 陌生人、孩子或者婴儿。

- 搬到一个新家或者房子刚重新装修。

- 你的工作安排发生重大变化，你要更多地外出。

- 家里来了一个新宠物。

- 听力所及范围或者视力范围之内有一只聒噪的狗。

- 无法得到它们想要的东西：食碗、窝和安静的小憩场所。

- 吵闹的家电：吸尘器应该能够排在榜首了，但是空调、烤箱和抽油烟机也会让一些猫咪惊慌失措。


Q：我的猫咪似乎很害怕——它的后背弓了起来，发出"哈哈"的声音，还东躲西藏的。这是怎么回事？

A：任何事情都可能让猫咪躲藏起来或者出现防卫行为。但是一般来说，诱因应该是某一个特定的人（陌生人、孩子、对猫不友好的家庭

成员），一种动物（一只具有攻击性的猫或者狗），或者一声巨响（吸尘器最讨厌了）。

Q: 我怎样才能帮到我家惊恐的猫咪呢？

A: 如果你家猫咪突然出现可怕的颤抖，那么要尽快和你的兽医取得联系。这种行为可能是由于一些健康情况造成的。如果你的猫咪有一张清晰的健康清单，那就需要采取循序渐进的方法来解决了。

如果你家猫咪每次门铃响起的时候都会找地方藏起来，要保证它每次都能顺利到达自己的"避难所"（我的卡利只有在冲到我的床底下时，才会感到安全）。只有当它觉得安全了，再让它出来。如果你强迫它出来，只能让它更加害怕、孤僻。

你可以通过建立行为的固定模式来帮助你家猫咪慢慢建立自信。猫咪如果能够自觉地对每天的食物、玩耍、爱抚和清洁时间建立生物钟，就会变得更加自信。

如果你已经了解到造成它恐惧的根源，可以尝试让猫咪对这个根源降低敏感性。我们用吸尘器作为例子吧。你可以把没有处于工作状态的吸尘器在起居室里放几天。不要对它太过注意。让你的猫咪自己慢慢靠近它。当它嗅闻吸尘器的时候，要称赞它。然后可以在吸尘器附近几十厘米的地方放一些猫咪喜欢的食物，使它习惯于在这台机器旁边享受自己的美味。要慢慢来。你可以采取前后不断循环的步骤，直到猫咪能够习惯吸尘器为止。

## 最初的社交期是训练礼仪的关键时期

你能够给正在成长的猫咪最好的礼物，可能就是让它形成确认自我和自信的性格。

**Q：我怎样让猫咪产生信任和信心呢？**

A：你的猫咪会学习你的每一个动作，也能够感受到你的鼓励。如果你向它充满信心和鼓励地表示出新的经验，它会更有信心尝试新事物。

比如，你的猫咪可能会对你卧室里紧闭的壁橱好奇得要死。所以你每天早上决定穿哪件衣服的时候，可以邀请它和你一起搜索一下衣橱。然后在你离开之前关上，那么衣橱的神秘感就消失了。

或者，你的猫咪也许讨厌你在洗澡的时候把它关在外面。你听见它喵喵叫，还能听见它用爪子挠门。这时，你可以邀请猫咪来到浴室。在你洗澡之前，可以在衣物篮的盖子或者马桶盖上放一块旧毛巾或者旧毛衣，作为好管闲事的猫咪舒适的休息处。让它坐在那里享受着浴液泡沫的芳香，而漂亮的毛发不会沾上一点水，就好像是蒸桑拿。

一定要注意别把水洒在猫的身上。利用这样的机会加强你们信任的纽带。下次你需要把它带到浴室，修剪爪子的时候，就不会那么痛苦了。

**Q：我怎样才能使我的猫咪乐于交往呢？**

A：社交对于猫咪们来说是非常关键的。它们要面对人类、犬类、其他猫、乘车和各种家庭生活，比如，电视、吸尘器和洗碗机，所以它们也要养成良好的社交礼仪。

最初的社交期出现在猫咪 4 ~ 14 周时。在这段时间里，你的猫咪就像是璞玉，你完全可以把它雕琢成符合正常礼仪的猫咪。向它介绍各种积极的经验以及与人、猫咪，甚至是与对猫很友善的狗狗进行的互动游戏。现在不是让它成为隐士的时候。如果这个时期上述活动有所缺失，

或者发生了一些不愉快的事情，那么猫咪成年之后就会变得焦虑不安或者完全与你的初衷背道而驰。

在猫咪进食后到吃饱的时间里，家里尽可能不接待来客。因为在培训猫咪的社交过程中，接待也是很关键的。记住，改变是需要时间的，所以要有耐心。

当然，每天花一点时间，为你的猫咪进行按摩，和它玩脚趾，抚摸它的后背，触碰它的耳朵和嘴，它就会将其视为积极的经历。

Q：为什么对猫咪来说固定的玩耍时间很重要呢？

A：谁说学习一定是枯燥的？猫咪可以在健康的玩耍时间里学习很多东西。每天要为猫咪留出两次玩耍时间，每次 15 分钟，地点视猫咪性格而定。如果它喜欢成为大家注意的中心，则可以花更多时间在家里任何地方玩。如果它很害羞，则可以选择一个安静的房间，这样你们俩就可以不被打扰地玩一会了。

## 猫咪的快乐时光：看啊，世界级短袜骑手

一天，我在桌边穿衣，低头看了一眼。Moo，我的黑白花猫咪，又一次霸占着我的电脑椅。它优雅、沉默地盯着我扣扣子、系裤子。当我穿戴完毕，想要取几步之外的鞋子时，感觉左脚猛地往下一沉。我一看。无声无息的，Moo 就从它的王座上跳了下来，好像静电一样，扒在我的袜子上。它总能够用爪子抓住袜子，而不会抓伤我。它抬起玩心很重的眼睛，好像在说："哎，为什么停下来了？继续啊！"

我默许了，带了它一程，它相当地满足。上班的路上，我发现自己一直面带笑容。

——斯科特·坎贝尔
华盛顿特区

THE
KITTEN
OWNER'S MANUAL

第**2**章

# 救救我！我的猫咪快让我发疯了！

猫咪生来就有一些过激行为，它们似乎与生俱来就有一些蓄意破坏的能力和疯狂的时候——这些都是猫咪的乐趣所在。

　　在一只压力过大、非常狂暴的猫咪面前，没有什么东西能够完好无损。跳跃、蹦起、攀爬和潜行的能力都已经嵌入到猫咪的基因之中。这些让你发疯的行为对一只年轻、正在熟悉环境、检验自己能力的猫咪来说实在是再正常不过了。

　　正常？没错。不能改变？的确。但是，你可以学习一点点猫咪心理学，把疯狂的猫咪变成良好行为先生（或者女士）。通过识别引发不正确行为的原因，你可以更有目的地训练它，这样就不用对它们的行为束手无策了。

　　到了本章，你将了解如何在家里确立纪律，将猫咪的注意力从错误行为上转移开，并鼓励它们的良好行为。

## 5 种方法迅速让你的猫咪守纪律

在开始讨论你的猫咪会做错哪些事情之前，让我们先看看你能够做些什么来指导猫咪的行为。

1. 正确的行为训练应该随着收养的开始而启动。从让猫咪"举起右爪"致意那一刻起，在这张白纸上训练出好的习惯比纠正坏习惯容易得多。无论它有多么可爱，也不要鼓励它的坏习惯。

2. 坚持一贯性。要一直使用相同的语调和手势，这样才不会让猫咪感到困惑。比如，当希望猫咪坐起来，身体重量放在后肢的时候，要一直说"坐起来"然后打一个响指。

3. 避免体罚。你的手应该成为猫咪的朋友，而不是敌人。殴打只会造成猫咪的恐惧和不信任。

4. 不要奢求。你养的是猫咪，不是狗狗。这两种动物的行为动机当然有所不同，所以不要指望你的猫咪能够为你找回拖鞋。小狗比较会讨好主人；猫咪则只想知道这里面有什么是它感兴趣的。

5. 训练要根据每只猫咪的性格进行调整。有些猫咪要比其他猫咪对一些技巧有更好的反应。

## 妨碍物和分散注意力的东西

有很多方法可以用来阻止猫咪的错误行为，以使它的注意力发散（也就是说，让它停止正在做的事情）然后指导它进行可以接受的行为。不要惊讶，相信你已经掌握了不少有效的阻止方法了。

- 双面胶
- 铝箔
- 柑橘味的喷雾剂
- 一个装有硬币的罐子
- 装水的喷水壶或者喷水枪

Q：最有效阻止我的猫咪不良行为的方法是什么？

A：当猫咪开始抓你家的沙发垫子或者咬你那件最喜欢的毛衣时，你需要快速做出反应——同时，还要适当。你需要阻止，并分散它的注意力，这样猫咪就可以停止错误行为，去做一些更能够令人接受的事。

下面是一些有效的阻止猫咪正在进行的错误行为的方法。

- 偷偷靠近然后做一个让它吃惊的动作。猫咪讨厌让它们感到惊讶的事情。而这是当它们正在做一些你不愿看到的事情时最有效的方法，多数猫咪会认定它们滑稽可笑的行为不应该被那些讨厌的事情打扰。
- 尝试打响指。多数猫咪会好奇地停下来，将注意力转向你。
- 模仿它们的哈哈声。在猫咪看来，这是一种口头警告。
- 击掌。显然，在这里你不是要对它们的搞怪行为表示赞许。
- 摇晃一罐硬币。将一个铝罐子洗干净，烘干、清空。放进几枚硬币。当你的猫咪开始做出一些不正确行为时，就摇几下这个罐子，阻止它。
- 大喊"不"或者"嘿"。很大的声音应该可以让猫咪停止不恰当的行为。

- 用喷水壶或者喷水枪向它喷水。把这种水"武器"放在手边，这样就可以在它搞破坏的时候派上用场。当然，得保证这点水不会对周围的环境有什么损害。

## 猫咪最糟糕的一些行为

每个家庭都有自己的不同之处，对猫咪也会有不同的挑战，下面是一些猫咪最常见的错误行为。不过，别着急，每种行为都是可以纠正的。

- 在窝里跳跃
- 抓挠家具
- 欺负其他宠物
- 对主人的脚踝和脚趾发起袭击
- 没完没了地嚎叫
- 在闹钟响起之前就来打搅主人
- 在进食时间乞求
- 想冲到房子外面去
- 咬电线
- 在厨房的操作台上充老大
- 爬上爬下
- 跳到垃圾箱上
- 把厕所的废纸和厕纸搞得一团糟
- 在花盆里挖坑，吃家里的植物
- 咬毛线

Q：我的猫咪为什么非要跑到猫砂盆外面去方便？

A：如果你的猫咪突然离开自己的猫砂盆，在你最喜欢的波斯小地毯上排便或者瞄准了起居室的墙的话，带它去看兽医进行一次检查吧。也许它对猫砂盆里的什么东西过敏或者有排尿方面的障碍问题。

如果没有健康方面的问题，你的猫咪这样做的原因也许是因为猫砂盆里有它不喜欢的味道。所以你要每天对猫砂盆进行清理。如果这种行为持续下去，你需要准备几种不同的猫砂和不同类型的厕所以确定猫咪喜欢哪一种。还有就是不要把猫砂装得太满。猫砂的深度不要超过 5 厘米。有些猫咪不喜欢封闭的猫砂盆，因为在封闭的空间中，万一有其他同伴来骚扰或者攻击，它就无法逃走了。

如果你已经保持猫砂盆的清洁，那么猫咪冲墙排便或在地毯上排便的行为可能是它心理作用使然。它可能觉得一个新来的宠物、一只在门外冲着它冷嘲热讽的猫咪对自己来说是个威胁，家庭生活的高压也许会诱发它用尿来标示地盘的行为。这在猫咪看来只不过是圈地运动，它想表明的信息非常明确："这是**我的**地盘。"

如果你正好撞见猫咪屁股冲着墙壁，尾巴微微颤抖，一定要平静地走过去，用手指根部将尾巴压下来，用一种玩耍的样子分散它的注意力。如果你还没有发现问题的根源所在，又需要离开家，就把猫咪放在一个盛放足够食物、水、毯子和一个小型猫砂盆的笼子里。如果你在家，就把猫咪的食物和水放在被它弄脏的地点附近，因为猫咪不喜欢在它们进食的地方排便。

如果想对猫砂盆方面的问题有更多了解，请看第 5 章。

Q：我怎样才能阻止猫咪抓挠家具呢？

A：猫的抓挠动作可以散发出自己标志性的气味、磨指甲、发泄自己的焦虑心情。但它们绝不是故意选择最昂贵的——或者珍贵的——沙发或者椅子来抑制自己的冲动的。

解决方法非常简单：导向和阻止。如果你发现猫咪正在这样做，可以大叫一声"不许抓"来惊吓一下或者摇晃装了硬币的罐子。这样做可以立刻将它的注意力引向撒有猫薄荷的抓柱上，在它开始抓挠正确的抓柱时，用一些食物或者称赞分散它的注意力。它会很快发现如果去抓抓柱，就会得到奖励；而抓家具，得到的只有惩罚。

在这个从沙发到抓柱的转变过程中，可以使用双面胶。猫咪讨厌爪子上被粘着什么东西。

最后，要知道，猫咪和人一样，对想要和渴望得到的东西都认为是自己的。把那个旧沙发"捐出去"，买一个能够长期使用的抓柱或者结实的猫爬架，或者给猫咪一块树皮完好无损的厚木头让它磨炼爪子。这块木头要垂直放置，这样猫咪在抓挠的时候就会向上伸展身体。

Q：为什么我的猫咪会跟踪并攻击其他猫？

A：这种突然出现的攻击性行为有很多原因。也许是因为长期酝酿的不满，也许是因为造成了创伤的事件，例如扫把突然砸向地面（一只猫也许会将这个情况归咎于另一只猫），也可能是健康问题，或者家里出现了新的宠物或者新的家庭成员。

还有一个不那么明显的动机：一只在房子外面对它冷嘲热讽的闯入者。你的猫咪也许会将对一只室外猫咪的敌意转嫁到另一只同样是家养宠物的头上。因为它对于自己不能冲到外面保卫自己的领地而倍感挫折，因此，承受这种怒气的宠物伙伴就遭殃了。

我无法保证这些常识能够管用，但是你可以将破坏和平的猫咪单独喂食，以保持家庭里的和谐气氛。为了避免强烈的冲突出现，尝试把每一只猫放在远离彼此、却又能够看到起居室内每一只猫的笼子里，每次30分钟。让它们平静下来。将食物放在每一个笼子里。逐步将每一只猫介绍彼此认识。这是一个经过验证的事实：猫咪们不会在快乐的同时搞破坏。

如果你注意到了你那喜欢欺负别人的猫咪低下了头，尾巴迅速地摆来摆去，后背弓起时，就要迅速用食物和玩耍分散它的注意力。而一旦已经出现冲突，千万不要阻止和干预，否则会出现"流血事件"。请注意，确保每一只猫都有机可逃。

最后，当两只猫都平静下来，并开始打盹的时候，用毛巾擦拭它们的皮毛，然后将沾有彼此气味的毛巾，放在彼此睡觉和吃饭的地方，帮助它们熟悉彼此的气味，以形成和谐的气氛。

Q：哎哟！为什么我的猫咪会攻击我的脚踝？

A：听起来你遇到了一个猫咪海豹突击队员。对你的猫咪来说，你的脚踝意味着一种目标诱惑：移动的猎物。它跳起来，抱住你的脚踝，作为对自己不断完善的捕猎技能的磨炼。多数情况下，它只是将好玩的天性和性冲动转而发泄在你的脚趾上。没错，即使做过绝育或者阉割手术的猫咪也会有性冲动，不过强度降低罢了。

发生脚踝袭击的情况多出现于雄性猫咪或者家里只养了一只宠物的情况，它们非常渴望有玩耍时间——或者一个玩伴。推荐一个超有效的治疗方法：再养一只猫。也可以考虑每天再多花点时间和猫咪玩耍。每天两次，每次花上5分钟或者10分钟和猫咪玩一些互动游戏，例如逗猫棒或者激光笔，将光斑投射在墙上或者地板上让猫咪追逐。

如果想要停止攻击，还可以尝试这个方法：裤兜里装一些猫咪最喜欢的玩具。玩具老鼠或者小球是比较常见的选择。当你看到猫咪在门廊里潜伏、摇动后背尾部，以期待发起一次攻击时，可以在它面前摇晃着玩具，让它追赶。它会忙着追玩具，被这个意想不到的"搅局者"分散精力，也就不会对你的脚踝感兴趣了。如果它偶尔对你的脚踝发起攻击，你可以扔出一个诱饵，然后当猫咪去追玩具时，你就可以逃过一劫了。

**Q：怎样才能让猫咪不再抓我的脚趾？我晚上要睡觉啊。**

**A：**你这种深夜不能寐的痛苦我也经历过。当墨菲刚刚到我们家的时候，它在我的脚趾上投入了大量的精力和热情。只要它在，我的双脚哪怕是最轻微的移动或者伸出被子外，它都会让我尖叫着将脚缩回被子里。但现在它心满意足地睡在我的床上，对我的脚趾已经视而不见。

首先，我们要了解的是，这种夜行捕食的行为是猫这种动物与生俱来的，就好像不让猫在床下蜷缩着一样。猫咪为了检验自己的技巧，可能将你的脚趾视为一只闯入家里的老鼠，所以游戏就开始了。

下面是一些保护脚趾的秘笈：早上醒来的时候，永远不要与它玩"抓被子下脚趾"的游戏。因为猫咪无法区分早上和深夜抓脚趾的游戏有什么不同。而一旦养成，这种坏习惯也将伴随猫咪进入成年。

在台灯旁边常备一瓶装了水的喷壶或者水枪。每次只要猫咪跳向你的脚趾时，就喷它一下。及时阻止，你要做的就是让它看到你的喷壶，讨厌水的猫咪就会停止攻击。

睡觉之前，花上 5 分钟的时间和猫咪玩耍一下，以释放它那无限的能量。

最后一招就是，睡觉的时候把猫咪关在卧室外面，把它的窝和猫砂盆放在另一个房间或者是舒适宽敞的笼子里。给它几个玩具吸引它的注

意力，这样你自己就能在晚上睡个好觉了。

Q：我的猫咪为什么总是嚎叫呢？

A：你那饶舌的猫咪也许天生就是长舌——暹罗猫是众所周知的喋喋不休——或者它想要告诉你它很不舒服。在没完没了的喵喵叫背后，有很多原因。

先带它去看看兽医，是不是因为身体不适。如果不是，就要注意叫的时候音量的大小。也许它想告诉你猫砂盆太让它恶心了，也许它听到或者看到外面有一只猫，也有可能它看到自己的碗空了。

如果你认定它在向你诉说着孤独，那么让收音机或者电视开着，这样当你不在家的时候，猫咪不至于感到孤单。或者，将收音机、电视机设置成在上午稍晚的时候自动关闭。

Q：为什么我的猫咪就像是一个闹钟呢？

A：在没到起床的时间，是很难保持警惕和头脑清醒的。不幸的是，你家猫咪聪明到在你睡意正浓时，跳到你的身上，推起你的枕头，抓挠百叶窗，或者别有用心地把书从书架上推下来，叫醒你。

在你发怒之前，先要检讨自己。多数情况下，主人们起床的第一件事就是给猫咪喂食。早上起床，喂食——或者从床上坐起来，呼唤猫咪。所以，其实是你在强化这种行为。

所有这些坏习惯，只要几次就可以形成，很快就会变成猫咪的习惯。在我学会如何调整这种行为之前，卡利就是我早上 4：30 的“闹钟”。

那么，如果你想一夜安睡，就要改变这种习惯。在上床睡觉前就给猫咪准备好食物，这样它也能一觉睡到天亮。或者在你起床一小时以后，再为它们准备可口的食物。你的猫咪就能学会相应地改变自己的习惯。

如果你喜欢电子设备，可以购置一种设定时间的装置，这种装置可以将食物或者玩具射向远离卧室的地方，这样，有夜行习惯的猫咪就可以在你会周公的时候尽情玩耍了。

我们再把话题转回到偏好上来。我这样说的意思是，你还可以轻轻用手肘碰碰白天呼呼大睡的猫咪，和它进行一些它最喜欢的游戏。如此这般，两周内，你们两个就都能够享受一晚好睡，因为你的猫咪晚上会非常困。

对于一只想要吃早餐的猫咪，身上不可能有"打盹"这个按钮。

**——佚名**

Q：怎样才能阻止猫咪在我们吃饭的时候乞讨食物碎屑呢？

A：这个有点困难，因为我们习惯把我们盘子里的一些食物给猫咪吃以此来表达爱意。

在你准备咽下第一口食物的时候，面对一双琥珀一样的大眼睛和软软敲打在你膝盖上的爪子，你怎么好意思拒绝呢？太简单了。试着在相同的时间，到另一个房间给猫咪吃它最喜欢的食物。或者，把你那满眼乞求神情的朋友关在另一个远离餐厅的房间，直到桌子上的盘子被清理干净。

最好的建议是：永远不要养成将餐桌上的食物喂给猫咪的习惯。

Q：我必须为猫咪请一位逃脱专家了。怎样才能阻止它往外冲呢？

A：有些猫咪好像凭空就冒了出来，然后就想冲到外面去，不论是有人从外面进来还是要出去。制定阻挡它的路线需要掌握好时间，并且

需要协作。

在家里长大的猫咪总会感到一种被压制的冲动，想要潜行到外面去，因为它闻到、听到了其他猫咪的行踪，特别是在繁殖的季节。也或者，它只是好奇，想到街坊邻里那边去看看。

尝试用喷壶或者水枪喷水或者摇晃一罐硬币，吓一下猫咪，然后在你准备离开的时候，说"回来"。把喷壶或者罐子放在距离门不远的地方。你也可以在出门前，用猫咪喜欢的食物或者玩具来分散它们的注意力。最后，偶尔选择不同的门离开或者进入房间以迷惑猫咪。一只猫很难等在 3 个不同的出口。

Q：拿起电话我才发现没有声音。然后我找到了原因：我的猫咪又一次把电话线咬断了。

A：这个只能靠你家长的本能和在家里设置对儿童安全（这里当然是指对猫咪安全）的防护设施。你可以考虑安装电线套管以防止猫咬，或者在电线上涂一些猫讨厌的味道：发胶、辣椒调料、含氯的产品或者柑橘味制剂。

同时，还要尽可能找到发生这种情况的原因。通常，这种行为是分离焦虑症的表现。你的猫咪非常爱你，非常需要你。那么，不要在你回家或者离开的时候和猫咪过分亲热。离开之前、回家之后的 15 分钟，不要理睬你的猫咪。同时，在家里可以留下有你气味的衣服，然后播放有你声音的录音带，这些都会对猫咪有一定的安慰作用。

Q：我不在家的时候，怎样才能阻止猫咪跳到台板和桌子上呢？

A：猫咪的天性，就喜欢待在高处。为保持家里的秩序，你可以明确表示哪些地方是不能用来满足猫咪这种本能行为的。

为了不让猫咪形成跳上餐桌或者厨房台板的习惯，除了设一个具有诱惑性的摆满东西的空间之外，其他的空间要全部封闭。在不希望猫咪去的地方，放好双面胶带，这种胶带可以在工艺品商店或者木工商店买到。猫咪依赖自己的脚来界定自己的地盘，它们希望自己能够保持无瑕的清洁。当一只猫咪跳到台板上时，如果沾到了胶带，会非常讨厌那个黏糊糊的东西，然后它会跳下来去寻找更好的制高点。

你同样可以在桌子或者台板上摆放几个餐盘来阻止你那只顽固的攀爬者，在里面加点水，下次，当你的猫咪跳起来的时候，水花飞溅！它的爪子一下子就落在一个意想不到的湖里。它会很快地冲到干燥一些也对它友好一些的盘踞地点。

如果你的台板很容易清理，可以尝试用给植物喷水用的喷壶给台板喷水，让表面变得很滑。

就算你不在家，这些办法也足以有效地防止猫咪跳到台板上。妙就妙在：当你的猫咪掉在胶带上或者水里的时候，它不会责怪你。台板将会失去魅力，你的猫咪会去寻找更好的、更温暖的地方盘踞。

Q：我怎样才能阻止猫咪往书架或者其他高处爬呢？

A：猫咪是追求高度的家伙，这也解释了为什么它们会出现在高高的书架上，会在窗帘附近的绳索上表演杂耍了。

这时，我们心怀恐惧和烦躁地看着它们杂耍。当然，还有点私心，我们害怕它们敏捷的动作会出现失误，突然掉下来伤到自己。

你有很多种办法阻止猫咪跳到它们不应该出现的地方。成功来自你所做的小小的预警机制。

首先，铝箔是你用来阻止猫咪的重要武器。将铝箔铺在台板和书架

上，猫咪不喜欢走在这种闪闪发光的金属箔上。或者你可以选择双面胶带，猫咪不喜欢让爪子被粘住或者弄得脏兮兮的。

第三种武器：挡住通道。把你存放易碎、贵重物品，或者摆满书架的房间门关上，让那里成为猫咪的禁地。

最后一招：给猫咪找一个安全、很高、能够归它专有的地方。比如冰箱的顶部，如果有一个能够看到户外全景的眺望窗就更好了。用食物将你的猫咪哄到这些地方，然后铺好舒服的毛巾或者毯子让它们在那里休息。

**Q：我怎样才能从喜欢攀爬的猫咪手里把窗帘解救出来呢？**

A：不要被猫咪的小可爱所迷惑，其实，它是一个攀爬高手。为什么有些猫咪会喜欢攀爬窗帘和帷帐这样垂直的东西呢？因为这就是猫。

看起来越厚实（当然也越贵），猫咪就越喜欢钻进去并且往上爬。所以当喷壶不在手边的时候，下面这些方法也许能帮到你。

- 为窗帘选择有韧性的支杆，这样猫咪的重量就会使它们在攀爬的时候落下来。经过几次尝试，它们就会知道，此处不适合攀爬，从而放弃。
- 用最细的绳子穿起窗帘与杆相连。猫咪的重量将使绳子崩断，布料就会掉落下来。为了增强猫咪的不快（也减少你重新挂窗帘的次数），可以在不显眼的地方挂一个装了几枚硬币的铁罐，它会产生让人心烦的噪声，足以将猫咪赶跑——甚至有可能使它不愿意再回到这个地方。

Q：我的猫咪总是扒拉家里的垃圾桶，把垃圾搞得满地都是。
   我能做些什么呢？

A：让它看不见，让它碰不到。把垃圾放到桶里，藏在水槽下面，并确保壁橱的门总是关着，安装防止儿童打开的门锁。这种装置可以在五金商店以很便宜的价格买到，安装也非常简单。

如果你的水槽下面没有壁橱的位置，就把垃圾放在一个有很重盖子的垃圾桶里。这种垃圾桶在你用脚踩下开关的时候，会发出巨响。价钱也不贵，在折扣店里就能买到。

把芳香扑鼻的诱惑拿走，否则你的猫咪会变成一个开锁高手。养成把熟骨头和其他可能对猫咪产生伤害的垃圾直接放在户外的垃圾桶里。一只"清道夫"猫咪极有可能会因为鸡骨头而窒息。

Q：我的猫咪喜欢撕扯厕纸，还喜欢把厕纸扯得像五彩纸屑一样。我们只好关上厕所的门，但总有忘记的时候。有什么更好的办法吗？

A：可以用下面的方法使猫咪不愿意再撕扯厕纸。

- 在纸卷的上面放一杯水或者是一小罐石头。这点小伎俩足以让它对厕纸敬而远之。
- 在厕纸上捆上一个橡胶带，使它没法抽出来。
- 装一个有盖子的卷轴，这样猫咪就抓不下来了。
- 把纸卷放在柜橱里，这样猫咪就抓不到了。

在卫生间放一瓶"Bitter Apple"溶液（可以到宠物商店或者药店购买）。这种溶液能有效防止猫咪或者任何有潜行捕食行为的动物到没有盖盖儿的废纸篓里抓挠厕纸。只要将这些被喷上"Bitter Apple"溶液的

厕纸放在垃圾桶里就可以了，猫咪讨厌这种气味。

**Q：怎样才能保护我的植物不受猫咪"摧残"？**

**A：**如果你在房间内种有植物（这种植物应该是对猫咪无害的，见第3章里关于有毒植物的清单），又想让它们不受猫咪这个挖掘工的伤害。尝试将石头或者碎石盖在土上，这样挖土对猫咪来说就没那么有诱惑力了。还可以把小木条插在土上，以阻止猫咪爬到花盆里或者挖洞"储藏"自己的宝贝。

将猫咪的挖洞热情转移到专门为它们提供的绿色植物上——草或者种在花盆里的香芹。当它想要咬你的植物时，鼓励它到这些花盆里去。

**Q：为什么我的猫咪会撕咬我的毛衣？**

**A：**猫咪吃毛线或者其他非食物类东西的行为被称为"异食癖综合征"，这种病症的特征就是吃一些不可食用的东西。咬食毛线的原因尚不为人知，但是动物行为学家认为有些品种的猫咪，特别是暹罗猫和缅甸猫等，断奶太早，非常有可能出现这种症状。有分离焦虑症和占有强迫症的猫咪同样也会吮吸和吃毛线。

我的第一只猫叫考奇，小时候就曾经把我最喜欢的一件黑色毛衣咬了很大的一个洞。失去那件毛衣促使我把整个房子彻底清理了一遍。现在我会把毛衣存放在抽屉或者壁橱里。

如果你的猫喜好吃咬布料，首先要送它去看兽医，以排除健康方面的问题。有时候，吮吸毛线是因为猫咪饮食中缺乏某些营养成分。可以在食物中增加一些纤维——一茶匙南瓜罐头就可以提供充足的纤维。你的兽医也会提供一些其他的饮食调整建议。

## 偶尔也会极富攻击性

偶尔，逗人喜欢的猫咪也会变成一个噩梦，开始极富攻击性地猛击、挠以及冲你发出"哈哈"声。接下来的讨论也许会对你有所帮助。

**Q：我的猫咪怎么了？它小时候完全是个天使；现在快1岁了，却变成了一个小恶魔。**

**A：** 在一定程度上，猫咪的荷尔蒙是罪魁祸首。猫咪进入青春期（6～18个月）后，可能会突然忘记使用猫砂盆、攻击你的脚踝或者咆哮着硬要冲到外面去。

荷尔蒙是造成猫咪坏脾气的主要原因。这也是为什么你需要在它6个月大之前给它进行绝育或者进行去势手术的重要原因。如此便可以让自己免除很多麻烦。

也许，造成这种情况是环境的改变。猫咪是墨守成规的动物。重新布置家居、家里出现新成员（宠物或者人），失去最喜欢的主人或者宠物朋友都会对猫咪的情绪产生影响。

当然，如果猫咪感到不安全或者不确定也会变得具有防御性，想要保护自己的地盘。所以，当你家里出现变动时，尝试为它准备一个小小的空间，这样它可以在感到些许焦虑的时候有一个庇护所。

与猫咪展开互动练习。将玩耍时间保持在5～10分钟，让它们保持乐观并形成习惯。练习会让"青少年"们有机会以积极的方式释放过多的能量。

| 猫咪的真相 |
| --- |
| 猫咪的平均寿命为15～18岁，极少数也能够活到30多岁。有记录最长寿命的猫活到了38岁。 |

Q：为什么我的猫刚才还是个宠物，回过头就突然抓咬我的手？

A：如果你的小甜甜突然变成了小老虎，开始撕咬，可能是因为受伤或者健康原因。也许你充满爱意的手无意中碰到了它柔软的地方。就好像是对疼痛的下意识反应。要带它去看看兽医进行检查。

如果没有什么不正常的情况，多数时候，突然的抓咬或者猫爪攻击只是猫咪一种爱意的表现。这种出乎意料的抓咬或者爪子抓手的行为很可能对你造成伤害。

Q：我怎样应对猫咪的抓咬呢？

A：当猫咪抓咬你的时候，立刻大声回应"哎哟！！"在遭受攻击的时候千万不要立刻抽回手，因为这样做会让你的手即刻成为移动的靶子。猫咪会误解这个动作，以为你希望继续这种游戏，所以它会追着咬你的手。

其实，窝里的猫咪在受到同胞攻击或者在玩耍时被同伴抓疼的时候会发出嚎叫。当你喊"哎哟！！"的时候，停止对它的抚摸和玩耍，然后对它报以冷眼。转过头去，避免目光交流。猫咪是社会性动物。它很快就会明白自己玩得有点过火了，代价就是你不再关注它。

还有就是给它一些能够咬的东西，这样它可以把牙嵌入其中，比如有填充物的废弃纯棉袜子。

Q：攻击前有什么信号吗？

A：当你抚摸它或者和它玩的时候，要注意猫咪的尾巴。那是它心情的晴雨表。如果尾巴小幅度地左右晃动，就是在向你发出攻击前的最后警告。这时候，最好抽身走开，让它单独待一会儿。

警告：小心猫咬

如果你的猫咪抓挠你，并刺破了你的皮肤，赶紧到水槽处，用流动的冷水冲洗伤口几分钟，然后用肥皂仔细清洗，杀死细菌。猫嘴里有各种细菌，你不想冒感染的风险吧？用毛巾擦干伤口之后，用一些抗菌药膏涂在伤口处。如果伤口太大或者伤口很深，要立刻去看医生。

Q：我怎样做才能够避免攻击的发生？

A：猫咪在玩耍的过程中会本能地向你学习，所以你需要成为掌控游戏规则的人。在把手扣起来罩在猫咪脸上左摇右晃的时候，千万不要用力过猛。否则它会本能地用牙齿和爪子进行回击。

和猫咪玩的时候，需要经常使用一些工具，如小棍子和鞋带，这样猫咪的注意力就不会集中在你的手上了，也就不会将你的手和胳膊当作是"猎物"进行攻击。也不要在猫咪进食、梳理或者睡觉的时候，将玩耍时间强加于它。

## 抓柱和指甲修理

猫咪对抓挠有一种狂热——所有猫咪生来就有抓挠的冲动。幸运的是，你可以为它们提供合适的抓挠激情发泄设施，而不用搭上自己的沙发。

Q：为什么猫咪想要抓挠？

A：猫咪超爱抓挠有多种原因。也许最主要的原因就是好玩了。同时，抓挠也是猫咪最主要的宣示领地的方法。猫爪上的腺体会散发一种有指示作用的味道，翻译成人的语言就是"嘿，这是**我的**沙发。你休想染指。"当然，抓挠也是猫咪重要的美甲活动。生长过度、未经修理的爪子经常会钩在地毯上产生疼痛或者造成伤害。

所以要面对现实：你的猫咪总会抓挠的。你只需要把它的注意力转移到使用抓柱上来。这种方法可以拯救你的家具，也可以让猫咪非常快乐。这是对大家都有利的行为。

理想的解决方法是：为猫咪准备一个它自己专用的抓挠家具。可以是抓柱、一块不错的木头或者是一张你早就想丢掉的躺椅。当它在自己的家具上抓挠的时候，要及时进行表扬。它很快就会知道那个沙发是属于你的，而这个经过雕琢的抓柱是专属于它的。

**Q：我该找一个什么样的抓柱呢？**

**A：**如果你手艺还可以，就自己做一个。一般在大点的宠物用品商店，你也可以买到不错的抓柱。购买的时候，要注意3点：稳定性、高度和布料质量。

第一，确保你选择的抓柱有一个坚固、稳定的底座，这样才不会轻易翻倒。如果推一下就摇晃，猫咪是不会再用的。

第二，要有足够的高度。记住，你的猫咪在你还没有意识到的时候，就会长成一只成猫。所以要选择高度足够成年之后的猫咪伸展的抓柱。

第三，避免选购表面织物和起居室里的地毯或者家具表面织物相似的柱子。如果表面织物相似，就会让猫咪产生疑惑，无法区分自己的抓挠区域。

**Q：哪里是摆放抓柱最好的地方？**

A：猫咪经常玩耍的地方就是摆放抓柱的最佳地点。我把抓柱放在长沙发和装猫咪玩具的篮子之间，这样我的猫咪就能时常在我面前为我展示它们的攀爬能力了。如果你家面积足够大，在其他房间里也可以放几个抓柱。最好的位置：猫咪午睡地点附近。为什么？因为多数猫咪在休息之后，第一个动作是站起来，全身伸展（就好像是在做瑜伽）。

**Q：我怎样让猫咪知道这是抓柱呢？**

A：你要充当猫咪的抓挠指导。花大量时间和它在柱子旁边玩耍，从而怂恿它靠近柱子。或者把一根旧鞋带拖在地上，在抓柱的附近绕来绕去，让猫咪追逐。每当它因为追逐鞋带而把爪子抓在柱子上的时候，就表扬一下。你所做的就是鼓励和帮助猫咪爱上抓柱。

无论你做什么，不要把猫咪的前爪按在柱子上完成抓挠动作。多数猫咪会认为这是对它们智商的羞辱。

**Q：有什么好办法修剪猫咪的爪子？**

A：如果你能够让猫咪习惯你触碰它的爪子，那么修剪指甲可能就像是一阵清风拂面而过。轻轻摩擦爪子后面的肉垫，在修剪指甲之前至少1周，每天都要进行这样的摩擦。

当你准备好开始修剪的时候，把猫咪带到一个封闭的小空间里，浴室是最理想的地点。你需要堵死猫咪所有的逃窜路线。修剪工具有宠物指甲刀或者一把旧脚趾甲修剪刀。如果你使用的是后者，那么事先要清洁，然后把它浸泡在酒精中，最后放在空气中进行干燥。在上面贴一个标签，表明这是猫咪修剪指甲专用，而不是你的。

轻轻压按猫咪爪子的中心肉垫，这样指甲就
可以伸出来。你就可以看见与指甲相连的粉
红色部分。这个区域被称为嫩肉区。如果
你不小心剪到这里，猫咪可能会很疼，而
且还可能会流血。所以，剪指甲的位置必须是指
甲尖和嫩肉之间的部分。

| 猫咪的真相 |
| --- |
| 　数数你家猫咪的脚趾。多数猫咪前爪有5个脚趾，后爪有4个脚趾。如果你家猫咪脚趾数量比刚才说的多，那么它就是多指猫咪。这种生理特征通常是由于带有特异基因的雄性传播的结果。 |

Q：定期修剪指甲对猫咪有什么好处呢？

A：绝对有好处！定期进行指甲修剪可以避免家具因为猫咪的抓挠而受到伤害。一般情况下每个月修剪两次是比较合适的。

## 猫咪是这么找乐的

睡醒或者进食完毕之后，玩耍是猫咪最喜欢的活动。但是猫咪的玩耍和狗狗的玩耍可大不相同。让我们一起来看看猫咪是怎么找乐的。

Q：猫咪会怎样玩耍呢？

A：潜行追踪和跳跃是猫咪玩耍中的重要项目。这两种行为都是为了促进正在成长的猫咪能够获得良好的肌肉发育。在收养猫咪之前，可以先准备一些比较轻的可移动的玩具。最好的选择包括纸棒、足够大使猫咪无法吞咽的小球还有羽毛棒。经常给它们一些玩具，可以让它们适当地练习跳跃和伏击。这样，猫咪就不会拿家庭成员进行这些练习了。

**Q：如果猫咪因为无聊犯了错，我可以用什么互动游戏帮助它纠正？**

**A：**如果每天花上 10 分钟和它进行一对一的游戏，你很快就会享受到一种更加亲密的朋友关系。这样的玩耍有很多好处，可以减少猫咪遇到陌生人时产生的恐惧，激发它们的自信，锻炼肌肉和动作的协调，并且鼓励猫咪的友善态度。

想要一些具体的玩法？以下是我最喜欢的。

- **追手电筒**：晚上，在黑暗房间里，把手电筒的光束照射在墙上，猫咪就可以追着玩了。其实，晚饭后房间里的一束微光也会有相同的效果。但是要确保这个房间里没有对猫咪产生威胁的东西，这样它就不会在追逐的过程中撞翻什么或者撞上什么东西了。

- **捉迷藏**：把猫咪放在身边，在房间里扔它喜欢的食物。当猫咪冲出去追寻美味的时候，溜到一个它看不见的角落，然后呼唤它的名字。当它跑向你的时候，给它点奖励并且表扬它。每天重复这样的动作，直到它形成这样的观点——"和主人玩游戏"。

- **墨菲在中间**：我最年轻的猫咪，墨菲喜欢在主人面前玩耍。当周围有人的时候，它就冲到起居室自己的抓柱前，和一直充有猫薄荷的玩具老鼠厮打，同时发出很大的"喵喵"声。因此，我很愿意邀请朋友们一起去看它表演猫捉老鼠的游戏。墨菲坐在地板的中间。我的朋友和我坐在两边大约 3 米远的两端。我们抛起装有

猫薄荷的填充老鼠，让老鼠在墨菲头顶飞来飞去，几乎没有离开过它的耳朵。这时，墨菲会全神贯注准备跳起来拦截在我们两人之间飞来飞去的充气老鼠。每次，当墨菲"得分"，我们就给它热烈的赞扬并欢呼，然后不断地抛着老鼠直到墨菲开始停下来整理自己的毛发。它就是以这种方式表达"我玩够了，现在是展现我静若处子一面的时候了"。

- 追羽毛：准备一只羽毛——甚至一只绑着玩具老鼠的长鞋带也可以——然后在走廊里跑来跑去。让羽毛或者鞋带在地板上拖动，并且在你的猫咪面前经过。不一会，它就会耐不住诱惑站起来开始追逐。当它习惯了走廊里的直线通道后，就可以在转角、房间拐弯处和楼梯处玩这个游戏。同时还要不断叫着猫咪的名字，每当猫咪抓住一次，就要蹦跳着称赞它。这对你们两个来说都是非常好的有氧运动。

- 口袋里的猫咪：猫咪是无论如何也抵抗不了一个放在地板上的口袋所散发出的诱惑气息的，它们会探身进去。在猫咪看来，好像口袋有了生命。所以，拿一个纸质的超市购物袋，剪掉提手。用一把剪子在底部剪出一个圆圈。用一根长鞋带的一端捆一只玩具老鼠。把袋子放在地板上，底部冲着自己，拽着玩具老鼠通过圆形开口，直到老鼠到达口袋的中部。呼唤猫咪让它能够看到口袋开口的一端，然后轻轻地摇晃着玩具老鼠。你就会看到它弓起腰部，尾巴的尖端开始摆动，然后冲到口袋里去抓老鼠。把老鼠从剪开的口里拽出来。此时此刻，你要狠狠称赞猫咪的捕猎能力，然后再重复这些步骤。

## 猫咪的快乐时光：搞怪高手

它叫邦德，詹姆斯·邦德，它可是个全能搞笑高手。它有琥珀色的眼睛，是一只银色皮毛的缅因猫。这只猫喜欢自己决定自己的玩耍时间，否则它就静静地趴在那里。而且，我偶尔会觉得它是一只披着猫皮的狗狗。

它最喜欢的运动是抓毛团。我在走廊里把毛团扔在地上，就好比是带有橡胶带的抛掷物一样，它会追着毛团满屋跑。抓住之后，它把毛团带回来，放在我脚前。这时，如果我不知道下面该干什么，它就会发出一声长长的"喵"，然后我只好把毛团再抛出去。它快速发出非常嘹亮而持续的猫叫声，直到它找到毛团。所以我了解了它那"狗"的一面。现在，当它带着毛团回来的时候，我可以命令它"坐"，它也非常听从命令，耐心地等着我再把毛团扔出去。

——斯蒂芬妮·贝莎

沙伦维尔，俄亥俄

THE
KITTEN
OWNER'S MANUAL

第 **3** 章

# 让你的家成为猫咪的天堂

猫最爱的住房，必须有洒满阳光的窗台，猫食碗永远不会空，每个房间都要有抓柱和睡觉的床。楼梯可以供夜间追逐，作为跑道，走廊是必须有的。希望与有温暖膝头并愿意每天清理猫砂盆的爱猫人士分享爱巢。同时，不能有有毒的植物或者有攻击性的狗狗。

如果猫咪能够描述它们理想的家，应该和这个非常相似。但是为你那对所有事情都非常好奇的猫咪创造一个安全、有趣的天堂真是一个颇费周折的工程。毕竟，猫咪动作迅速、充满好奇心，而且，还有点蹑手蹑脚的。

好消息是，不论你住在阁楼上、农场里、公寓还是别墅，不论是郊区还是城区，你都可以很快把自己的家变成猫咪的圣地，而不用花很多钱，包括你的装修风格也不用完全为了"新来的猫"而大费周折。

## 猫咪到来之前

为猫咪布置新家实际上从它到来之前就开始了。在它来之前的几天，花一点时间把家调整一下，主要是消除对猫咪的安全隐患。

Q：对于新来的猫咪，我该做些什么准备呢？

A：列出防止对猫咪产生威胁的清单，同时还要记住两个问题：

1．你不希望猫咪产生哪方面的伤害？

2．你希望保护猫咪不受哪方面的伤害？

猫咪是好奇心很重的动物，天性好玩，所以我们最好将各种诱惑清除，同时把易碎的贵重物品暂时收起来。当猫咪来到你家的时候，根本无法了解古董、水晶花瓶和纸棒之间价值的差别，事实上它们也不想关心。

认真检查屋子里的每一个房间，而且要从不同的高度检查。把自己当做猫咪的保镖，把你的视角调整到猫咪的高度。每个房间的情况都要检视清楚，并预估哪些会勾起渴望冒险的猫咪的好奇心。

要明确的一点是，你的猫咪喜欢很高的地方，而且一定要走在书架上，不论你在不在场。要意识到食物放在厨房的台板上（特别是金枪鱼或者奶酪）即使对于最有教养的猫咪也是难以拒绝的诱惑。

总而言之，使用照顾孩子或者孙子时的家长技巧：在房子里装上用来保护孩子的门锁以保存猫食、垃圾或其他不允许猫咪碰的东西。把露在外面的电线包裹起来，把易碎和贵重的东西放在抽屉里或者能够关上门的房间里。把窗帘的绳子卷起来或者包裹起来以防止意外的窒息发生。不要在它们很容易就可以推动的地方堆放图书或者杂志。

Q：我想在房间里摆放一些绿色植物，该怎样避免对猫咪的健康产生威胁呢？

A：植物能够增加房子的宁静、温馨感，但是很多受欢迎的室内植物对猫咪来说都有可能产生致命威胁。为了确保植物不会对猫咪产生伤害，要采取以下几个步骤。

1. 不选用会对猫咪产生伤害的植物。如果做不到这一点，就用吊钩把植物吊在天花板下，使猫咪无法接触到。在安放植物的时候，要想象自己是猫咪。不要把挂钩吊得太靠近壁架或者让猫咪可以利用工具够到这些植物。请注意，要永远记得把落叶收集起来以保护你的猫咪。

2. 关门。有没有收到过一束刚刚剪下来的鲜花作为你家新来宠物的贺礼？但它们可能对猫咪有毒。把花放在花瓶里，摆放在猫咪碰不到的地方。在房间门外贴一个纸条，提醒家里的其他人，不能让猫咪进入这个房间，从而避免猫咪受到伤害。

3. 做好计划，平息猫咪对绿色植物的好奇心，给它准备一些无害的植物。一盆可食用的室内植物会是你的首选。只要在一个装满土的铝盘里撒上一些草籽儿。把盘放在有阳光的地方，浇水保持土壤水分，但是不要过多。不用多久，叶子就会长出来，算是为你的猫咪加了一道沙拉。这种小型草坪对它的咀嚼需求来说是非常安全的，也会减少毛球的出现。

4. 种植一些对猫咪有益的植物。在房子里围出一块地方，就可以在室内种植一盆莳萝或者猫薄荷。莳萝是大自然母亲赐予的肠胃止痛剂，对于缓解消化不良有奇效。猫薄荷对于猫咪是天然的兴奋剂。这种植物属于薄荷科，要等到猫咪6个月以后才可以让它接触。一片或者两片新鲜的猫薄荷（切成细丝）或者把烘干的叶子放在抓柱上，可以激发猫咪爱玩的天性。

## 有毒植物

下面是一些对猫咪有害的植物清单

- 芦荟
- 非洲紫罗兰
- 美国槲寄生
- 文竹
- 杜鹃花
- 满天星
- 天堂鸟
- 毛茛属植物
- 铁线莲
- 玉米秆
- 夹竹桃

- 水仙
- 黛粉叶
- 复活节百合花
- 毛地黄
- 七叶树
- 风信子
- 绣球花
- 鸢尾属植物
- 山谷百合花
- 槲寄生

- 喜林芋
- 一品红
- 毒芹
- 报春花
- 杜鹃花属
- 橡胶植物
- 番茄树
- 紫杉
- 郁金香
- 牵牛花

对不同年龄段的猫咪有毒害作用的植物多达 100 多种。征求兽医的意见，请他列出一张当地对猫咪有毒的植物清单。猫咪植物中毒症状包括腹部疼痛、呕吐、腹泻、无精打采、肌肉痉挛、动作缺乏协调性和发烧。

如果你怀疑猫咪中毒，请尽快和兽医取得联系，以寻求及时的帮助。

Q：除了植物，家里还有什么东西对猫咪有毒害作用？

A：还有很多。这些东西多数出现在厨房、浴室和杂物间。

- **药品**：阿司匹林和其他药品对猫咪都是有毒的，所以不要让它们暴露放置，需要小心放好。一片不含阿司匹林的止疼药就可以杀死一只猫咪。最好准备一个有儿童锁的药箱。

- **洋葱**：永远不要给猫咪尝试洋葱。其中的化学物质能够让猫咪患上贫血症。

- **巧克力**：在节假日——或者任何一个平常的日子——都不要给猫

咪尝试巧克力。巧克力里含有可可碱，这种化学物质对猫咪有害甚至是致命的。

- **家用清洁剂和其他危险品**：将家用清洁剂、杀虫剂或者鼠药、诱捕夹，以及其他所有从常识判断会有危险的东西，都放在猫咪看不到、碰不到的地方。再重复一次，装有防止儿童开启的锁的壁橱是最好的选择。

- **沐浴用品**：在浴室，香波、护发素、肥皂和刮胡刀都要放在它好奇的爪子碰不到、灵敏的鼻子闻不到的地方。

- **卫生间**：把马桶的盖子放下以防止猫咪将这里当作备用水碗。这里的水含有杀菌剂、有害的清洁用化学物质。

- **防冻液**：猫咪在封闭的车库里就好像是一只鹰，所以，最好还是不要让它进去。如果你的车出现轻微的防冻液滴漏，而碰巧又被猫咪舔舐，会对它造成伤害，甚至死亡。防冻液里含有乙二醇，这是一种有甜味的化学物质，对猫咪和其他动物有一定吸引力。我的建议可以分两步走：轰走猫咪，不要让它接近车库，同时出于安全考虑，更换一种对环境无害的防冻液。可以选用含 pylene 乙二醇的品牌，这是一种无毒、可降解、含有磷酸盐的防冻液。而且，这种防冻液和传统产品在你的发动机里效果一样好。

- **油漆和油漆稀释剂**：如果你正在进行家庭装修，绝对不要让猫咪靠近打开的油漆和油漆稀释剂，务必把它们放在适当的地方。这两种物质都是有毒的。

Q：我的兽医建议我应该把猫咪关在屋子里，这样做似乎有点残忍。为什么不能让它自由地在外面玩耍呢？

A：为了使猫咪能够活得更加长久、更加快乐，兽医们更倾向让猫咪在室内生活，原因在于：

- 在外面游荡的猫咪受伤和接触传染性疾病的概率更高。

- 养在室内的猫咪要比生活在户外的同胞寿命更长。美国人道主义团体的统计数据显示，生活在户外的猫咪平均寿命只有 5 岁。而生活在室内的猫咪平均寿命可以达到 20 岁。

- 你们之间的友谊会通过你与房间里的猫咪进行互动而加强。户外的猫咪则忙于每天追逐猎物。多数情况下，你是它们免费的食物和水的来源，当天气不好的时候，你的家更是一个温暖、干燥的天堂。

Q：窗户呢？我怎样才能保证猫咪的安全——让它们待在室内？

A：猫咪是真正的邻里之间的好事者。它们满心好奇，喜欢趴在窗台上偷看外面发生了什么。

要定期检查窗纱的牢固程度。金属纱窗强度比较大，能够禁得起撕扯。当你出门的时候，要把窗户关好，以防止在猫咪的抓挠下，窗子碰巧打开后猫咪跑出去。但是要让百叶窗处于开启状态或者把窗帘拉起来，这样猫咪就能够享受温暖的阳光了。

## 紧急情况处理

我们要尽量成为保护它们的"父母"，但是意外总是会发生的。采取一些防御措施就可以防患于未然——或者至少可以减小可能性——避免猫咪发生意外。

Q: 在为猫咪准备的急救箱里，应该有什么呢？

A: 你永远不知道猫咪会干些什么，也无法总是能够及时制止不幸发生。这就是为什么要采用童子军的方法，做好应急准备。

我的猫咪急救箱就放在洗衣间猫咪的各种清洁用品旁边。

你可以在宠物用品商店或者在网上宠物商店购买商用的急救箱。也可以自己准备，这样更能节省开支。

如果够幸运，你永远也不会用到，但是为了防止万一，下面这些，是急救箱里必备的：

- 棉球和棉签
- 清理耳朵和眼睛周围用的棉签
- 消毒药品
- 冰袋
- 不粘无菌纱布网垫
- 轻巧的绷带，防止粘连伤口
- 抗菌药膏
- 直肠用温度计
- 氢化可的松药膏
- 凡士林
- 3% 的双氧水溶液
- 用于治疗叮咬或者咬伤的苯海拉明（苯那君）药片或者胶囊
- 镊子
- 压舌板
- 剪刀
- 加热垫

- 塑料眼药瓶或者注射器
- 用来清除焦油的矿物油以及其他黏性的物质
- 一条清理用的毛巾
- 一个旧的枕套，用来限制处在治疗阶段的猫咪
- 塑胶手套
- 兽医的电话和宠物诊所的急救电话

---

### 猫咪急救小常识

　　和准备充分的急救箱同等重要的是了解一些基本的宠物急救知识。和当地的人道主义团体取得联系或者和美国防止虐待动物协会（ASPCA）的宠物收容所联系，报名参加宠物急救课程。指导老师将教给你如何给猫咪做心肺复苏、防止窒息、测体温、对轻微伤害的处理和其他重要课程。

---

　　Q：我们住在北卡罗来纳州，这里多发飓风。我们有住在得克萨斯的亲戚，那里多发龙卷风和冰雪；还有住在加利福尼亚的亲戚，那里总有地震、野火和大洪水的危险。我们都养猫。怎样才能保护猫咪不受自然灾害的伤害？

　　A：对于严重的气候灾害，我们无法总能得到提前预警，通常我们只有几分钟，甚至几秒钟的时间进行反应。在家里收拾出一个地方存放猫咪的急救箱和生存箱。这两个地方都必须干燥，而且不能被阳光直接晒到。

　　在生存箱里，要准备以下物品：

- 额外放置一些逃脱项圈，上面要有你的电话号码、兽医电话的身

份牌

- 一张放在塑料袋里的猫咪照片，这样，在自然灾害的时候，如果猫咪逃走或者和你失散，可以给别人看这张照片，以帮助你找回猫咪

- 一副额外的挽具和皮带

- 足够一周的食物储备，要放在防水、密封的盒子里

- 足够一周的开盖即食的罐头食品

- 用来混合食物的塑料勺子或者塑料小刀

- 放猫食物的小罐

- 用塑料桶装的 1 加仑水

- 水碗

- 足够一周用的猫砂、猫砂盆、一些装垃圾用的塑料袋和一个新的塑料铲子

- 一卷厕纸

- 一小塑料瓶杀菌洗手液

- 一些猫咪最喜欢玩的玩具和一件属于你的旧衬衫，最好是没有洗过的，目的是起到安慰作用

以上所有这些存在一个密封的猫箱里。每年的 1 月和 7 月，记得把里面的食物和水更新一下。

## 确保它们的安全

不要让猫咪变成一个猫贼。它不会卖掉你的宝贝，但是如果有机会，它一定会将宝贝翻找出来。

Q: 我的猫咪喜欢跳到床头柜上，摆弄我的耳环。它为什么对珠宝如此好奇呢？

A: 猫咪对小小的、闪闪发光的物体非常感兴趣，例如珠宝、硬币、别针和针等。不幸的是，它们有可能把这些东西吞下去并因此造成窒息或者对内脏器官造成损伤。

不要在缝纫完成之后把大头针、针或者扣子遗忘在桌子上。同样，别针、图钉、橡胶圈和其他办公用品也要收好。这些东西要放在猫咪碰不到的地方，可以把它们藏在抽屉或者盒子里。如果你是一个有责任心的主人，还要让猫咪远离用过的牙线，并把它们放在有盖子的垃圾筒里。

Q: 猫咪会弄坏床单什么的，是吗？

A: 没错。有的猫咪可以把布料咬出或者挠出很多洞。你可以采取下列措施表明你不鼓励它这样做。

- 在床的下面蒙上一块布，就可以阻止猫咪吃床垫底部的合成材料。这种方法既可以阻止猫咪受到伤害，也可以使你的床垫不会被挠坏。

- 把毛织物收起来，不用的时候放在箱子里或者放在关闭的壁橱门后。有些猫咪要忍受异食癖的折磨，这种病症尚不为专家们所了解。这些吃下去的材料会造成肠道梗阻，很可能还带有毒性。

- 最后，如果你定期熨烫，就要提醒自己将熨衣板和已切断电源的熨斗在完成工作之后立刻收起来。熨衣板在活泼的猫咪眼中是一个不稳定的登高场所，这很可能会造成滚烫的熨斗掉落下来，也

许就会烫伤猫咪甚至引起火灾。

**Q：我在家的大部分时间都要使用电脑。怎样才能使电脑免受猫毛的困扰呢？**

A：作为猫咪，我的卡利喜欢跳到显示器上来一个晚间小憩，而我则在电脑前敲着键盘。显示器会散发热量，这对猫咪来说几乎是不可抵抗的诱惑，可惜，卡利的毛会飘进显示器里，需要我经常清理。后来，我用旁边一张放在地板上的舒服猫床把它从摇摇晃晃的显示器上骗下来，让它美美地去会周公。

要想同时保护你的猫咪和你的计算机，可以借用下面这些简单的安全防范措施。

- 选购那些能够承受猫咪重量的计算机硬件和配件。不要使用悬臂托盘和脆弱、无支撑的附件。
- 把键盘和其他易碎的部件放在挡板下以降低猫咪的"跳跃高度"。
- 购买装有内置进纸盘和封闭推进的打印机和扫描仪，或者覆盖进纸筒。
- 在离开房间的时候，务必关闭打印机和扫描仪。万一猫咪爪子放错地方就会造成相当多的"书面记录"。
- 不要堵上计算机的散热口。把电源插座放在通风的地方。
- 在光滑的桌面上使用鼠标垫，这样就可以很容易地擦掉猫毛。同样，在不使用键盘的时候，用柔软的塑胶键盘膜盖好。
- 千万不要一时冲动地让猫咪在你打字的时候，爬到你的腿上。我已经领教了猫猫们的电脑才华，它们按下【ESC】键，甚至还知道【Ctrl】+【Alt】+【Delete】的组合，结果就是之前的工作都白做了。

**Q：怎样才能保护电线不被喜欢咀嚼的猫咪破坏呢？**

**A：**与大家普遍认为的不同，多数猫咪都不喜欢电线。但是如果你碰巧遇到了几只例外，就需要严防死守，不让猫咪碰到电线。咀嚼通电的电线会造成嘴部烧伤，更糟糕的情况是猫咪可能会被电死。

把电线钉在地板上（要确保不要把钉子直接插入电线）或者把它们用保护性塑料皮包裹起来，这样，电线看上去就不像是蛇形诱惑了。尝试把电线塞入塑料的装饰性花洒罩中，这样你就可以根据实际情况进行调整了。在电线上喷洒柯罗辛溶液以打消猫咪的啃咬冲动，或者把线用猫咪不喜欢的味道的材料包裹：发胶、辣椒水或者柑橘味溶剂。

**Q：怎样才能让我们的圣诞树不受猫咪的"侵略"？**

**A：**用下面几个简单的步骤就可以防止把圣诞节变成"嚎叫节"。

- 树上不要摆放闪亮的金属箔。猫咪也许会受到这种金属箔的吸引，忍不住去尝尝，不小心就会造成窒息。

- 使用木质、布料、植物或者编织制品等不易破损的装饰品。玻璃装饰品如果掉在地上，可能会割伤猫咪的脚。

- 用铝箔覆盖住树下的水，避免猫咪去喝水止渴。阻止猫咪变成迷你登山家，可以在较低的枝杈上喷上柯罗辛溶液、桉树味溶液、柠檬汁或者其他猫咪讨厌的味道。最好选用人造树，这种树没有户外猫咪渴望的那种味道。

Q：假期非常忙。怎样才能确保我外出时，猫咪安全地待在家里呢？

A：采取一些预防措施，就可以保护猫咪不至于食物中毒，或者接触一些违禁物品造成伤害，你也可以享受这个欢乐健康的假期。记得把垃圾放在安全的容器里，让猫咪无法接触到。以下是一些提示。

- 不能把餐桌上的食物残渣给猫咪。就算是面包块这样普通的食物也会造成猫咪腹部疼痛、腹胀和呕吐情况出现。
- 不要给猫咪吃巧克力。如果你想把这样的美味留下来给别人吃，一定要把它们放在密封的锡罐、坛子或者盒子里。
- 摆放点燃的蜡烛时也要当心，把蜡烛罩起来，这样，猫爪就碰不到了——还有那个摆来摆去的尾巴。
- 如果你必须准备一个庆祝圣诞降临亲吻用的金属箔球，拿出来，很快地亲吻一下然后放回抽屉里。这个东西对猫咪来说是有毒的。
- 最后，不要邀请猫咪参与你的圣诞狂欢。30克的巧克力就可以要了它的命。

## 怎样与猫咪和平共处

要知道，你的猫咪在家的时间其实比你在家的时间要长，它应该有一些"主人的权利"，所以你需要采取一些其他额外的措施确保你的家也是它的家。心满意足的猫咪会快乐，行为也会良好。

**Q：我怎样和猫咪和平共处呢？**

**A：**猫咪是有感情的。它们需要觉得自己属于这个家庭，是这个家庭的一分子。你有沙发和躺椅；它们占有挂在抓柱上的钓饵和书架的顶部。

- **抓柱**：这是必备的。每个房间都有一个当然就更好了。猫咪需要有个地方磨它们的爪子、标示自己的领地，也要发泄掠食者的攻击本能。有多种用途的抓柱价格较高，但是作为猫咪的玩耍要塞，作用也会加倍。

- **巨大柔软的枕头或者折叠起来的毯子**：把这些舒服的东西小心地摆放在家里。猫咪喜欢待在你的床边、靠近阳光灿烂的窗口，甚至是在壁橱里。这些睡觉用的东西每个月至少清洗一次。

- **柔软坚固的平台**：你的窗台是不是很窄呢？没关系。可以考虑做一个舒适的架子，用吸盘吸在墙上。我的猫超喜欢这种固定在墙上的平台，刚好在窗户下面，还有喝水用的杯子。架子很牢固、安全，且不用在墙上钻孔。

- **梳理工作**：猫咪会自己梳洗，但也需要你提供帮助。把为它准备好的梳洗箱（梳子、刷子、猫用的指甲剪和除蚤香波）放在一个固定地方，比如洗衣间或者浴室柜橱的篮子里。

## 没有呼噜声的天堂

在加利福尼亚圣迭戈市的博尔格，小猫咪弗兰克和它的伙伴一起住在一个有 3 间卧室的牧场房子里。每个房间都被布置成猫咪的乐园。房间木地板上铺有猫咪笑脸的地毯，玩具到处都是，落地的抓柱，靠近天花板的墙上还有符合猫咪身体大小的洞，颜色鲜亮的狭小通道曲曲折折，一直延伸到地面。

　　房屋主人鲍勃和弗朗西丝·沃克尔希望整个房间可以满足猫咪的所有需求。这里不仅有30多米的猫通道，猫房子，还有专供猫咪午睡的窗台。鲍勃给出了这样的解释："如果按照使用时间和面积来衡量房屋所有权的话，那我们这个地方就是猫咪的家了，因为它们在这里的时间要比我们多。我们相信猫咪在室内要比在户外安全，同时它们也需要有个激发好奇心却又能让它们感到安全的地方。"

　　此外，沃克尔一家也希望能够分享他们了解到的知识。每年，他们都会面对好奇的游客将其中一间房屋开放，游客大多数都是爱猫人士。他们再将门票收入捐献给全国猫咪保护协会，希望其他的猫主人也能够了解如何让自己的房子成为猫咪的天堂。

　　Q：有时候我的猫咪会消失在房子里。它可能藏在哪里呢？

　　A：这些小小的调皮鬼们会待在狭小、舒服、昏暗而又不妨碍大家的地方。它们最喜欢的藏匿地点包括冰箱后面、炉子下面或者干衣机内部。解决方案：堵住猫咪去这些危险地方的通道。洗衣机和干衣机在不使用的时候，要把盖子盖好。还有，就是在使用前，务必要看看那些小家伙有没有待在这些设备里。当你忙个不停的时候，要把设备放好，这样猫咪就不会卡在后面或者其他什么地方了。

　　同样，也不能让猫咪溜进洗衣桶、碗橱或者在你关门的时候溜进壁橱。当初次到访的人进门时，我知道在哪里能找到我的小家伙。它会躲到一个我祖母给我的古董书架的底部。我只能看见上面叠好的内衣和T恤，还有一对绿色的眼睛满含惊恐地望着我。门被挤开了，所以它可以进去。通常要是它喜欢，就会一直待在那里。

　　最后还有一个猫咪喜欢的地方：在一张有脚踏的长躺椅下面。所以，坐下欣赏最喜欢的节目之前，要把脚踏抬起来，检查猫咪是不是藏在下面。

## 让欢乐开始吧

猫咪每天要独自待在家好几个小时，这段时间，你在上班，可是猫咪不能都靠打盹和发呆打发时间。你可以准备一些有趣的玩具让猫咪在这些好玩的游戏中度过房子里只有它自己的时间。

Q：好吧，我的房子已经改造得不会对猫咪产生伤害了。现在，当猫咪独自在家时，我能做些什么让它自娱自乐呢？

A：猫咪在家的时候，每天要花上 17 个小时打盹，当然这只是平均值。有些活跃的猫咪更愿意把大多数时间花在玩耍上。当你出门上班的时候，要给它们留一些玩具，让它们玩一些游戏，打发时间。这样做可不光是为了娱乐，玩具能够帮助昏昏欲睡的猫咪重新充满活力，让精力"爆棚"的猫咪得到锻炼。下面是我家猫咪最喜欢的手工制作的玩具。

- 口袋里的猫：一个购物纸袋放在起居室或者餐厅的地板上。一定要剪掉购物袋的提手，以避免使猫咪出现窒息的情况。现在就开始动手吧，在口袋里撒一茶匙新鲜的猫薄荷，要撒在口袋深处。猫咪超级强大的嗅觉会驱使它钻进口袋。一天的游戏之后，用扫帚清扫一下或者用吸尘器就能很快将地板清理干净。

- 猫咪拳击玩具：从一双旧运动鞋上取下一根长鞋带。一端捆上猫咪最喜欢的玩具，另一端挂在门把手内侧，这样，玩具就会在离地 10 厘米左右高的地方摇晃。多数猫咪在经过玩具的时候，都会忍不住对它猛击几下。

- 追逐袜子球：将纸塞进一只旧棉袜里，再往里面撒一些干的猫薄荷叶子，将开口一端打结。把袜子仍给猫咪，你就可以欣赏它追逐袜子的样子了。

- **掏球球**：就是那种给猫咪做的类似魔方的玩具。准备一个空纸巾盒，里面放个乒乓球。你的猫咪就会花几个小时想要把那个球形物体从狭窄的开口里掏出来。这个玩具绝对是为猫咪设计的，看！用过的纸巾盒也会有如此好的用处。

- **追踪游戏**：在你每天早上离开家去上班之前，拿出五六个猫咪最喜欢的玩具——有猫薄荷的老鼠、纸棒、鞋带，不管什么——把它们藏在不同的地方。再藏一些食物。隐藏地点可以是沙发下面、枕头后面、窗台上。和它玩几次这样的游戏，猫咪就可以明白你的想法了。然后当它找到了这些"财宝"时，回家表扬一下它。我的猫咪喜欢把它们找到的这些战利品放在起居室的抓柱旁边。

- **纸板床**：没有什么能够比在狭小空间里舒舒服服地待着更让猫咪喜欢的了。当你离开的时候，可以在地板上放一个中等大小的纸板盒子。回到家后，如果发现猫咪睡在里面或者在里面咬它最喜欢的玩具，你可不要太过惊讶。我的卡利就住在一个纸板盒子里。卡利两周大的时候就和它母亲分开了，在还没有断奶的时候就在迈阿密街头游荡，后来它被好心人送到了收容所。所以，它喜欢咬纸板箱，然后再把碎末吐出来，弄得地板上全是。我的兽医给它进行了牙齿检查（不会很疼）后说，对于有些轻微的神经过敏的猫咪来说，这个游戏绝对是无伤大雅的消遣。

- **和鱼对话**：猫咪愿意花上几个小时的时间盯着水族箱里游来游去的鱼。一定要确保水族箱的盖子封闭良好，以防止猫爪伸进去。同时还要把水族箱放在一个稳定的架子上，以避免翻倒。

- **在浴缸里奔跑**：在浴缸里把练习用的塑料高尔夫球扔来扔去，以训练它在有限空间里的弹跳力和急转弯的能力。

- **声光秀**：把灯和收音机设为定时，这样猫咪听到声音、看到光亮的时候，会觉得更加放松。

- **摇摇晃晃、吱吱嘎嘎，滚来滚去**：把一个空的塑料药瓶（带有儿童安全瓶盖）里装满干豆子。拧好瓶盖，呼唤猫咪的名字，使劲摇几下瓶子，然后将药瓶滚过房间。这种声音和动作对那个"小猎人"来说肯定是无法抗拒的诱惑。

- **钥匙串**：有没有旧钥匙？把它们串在一根钥匙链上，高度保持在猫咪头部的上方即可。猫咪是无法拒绝闪闪发光的金属物体的诱惑的。这样做可以让猫咪在用前爪拍钥匙的时候，把全身重量集中在后腿上，以锻炼它的平衡能力。

---

## 自己动手做一个猫咪用的绳球

猫咪们喜欢像职业拳击手那样猛击和晃来晃去。让它们在你的指导下发泄这种运动冲动的方法就是做一个绳球。你可以买那些用夹子夹上去的玩具，也可以自己动手做。轻巧的绳子可以让织物做成的球更加有弹性，这种玩具能够激发猫咪掠食者的天性。

| 材料 | 设备 |
| --- | --- |
| 布料 | 耐用线 |
| 棉絮 | 针 |
| 2毫米直径的钢丝 | 线剪 |
| 大塑料夹子 | 针鼻钳 |

1. 把布料用棉絮填满，缝好。

2. 剪一段80厘米长的钢丝。一端用耐用线与布球相连，另一端穿过大塑料夹子的夹柄。使用针鼻钳将钢丝拉紧，固定住钢丝的一端。

3．把夹子和门挡或者一个大型家具的一边连接起来。

## 亲自动手做一个抓柱

这种抓柱非常便宜，而且易于制作，经久耐用。如果你给它做一个，那么你的猫咪就会对你感激不尽。当然，这种抓柱多多益善。

| 材料 | 工具 |
| --- | --- |
| 一片厚胶合板，至少155平方厘米，50厘米长，最厚的壁橱用木柱 | 砂纸 |
| | 软标记铅笔 |
| 2个可以旋进螺丝的稳定角铁 | 小功率电钻 |
| 一小块毯子 | 螺丝刀 |
| 粗重的麻绳 | 胶水 |
| 钉子 | 密封水泥锤子 |

1．用砂纸把胶合板的边缘打磨光滑，清除所有毛刺。

2．用铅笔标出胶合板的中心，把螺旋孔和木柱都垂直放在中心上。

3．把角铁放在木柱的另一端。标出螺旋孔在木柱和胶合板上的位置。

4. 先钻一个小孔，然后在角铁适当的位置钻孔。

5. 用一块小毯子铺在胶合板上，紧紧粘好。

6. 用密封水泥裹好木柱，从底部开始。每次一小部分。

7. 当水泥干燥后，用粗麻绳将木柱紧紧缠绕起来，每一圈都要紧紧挨着上一圈。在向上缠绕的同时，还要浇一些水。

8. 缠到顶端的时候，用钉子在柱子的顶部钉好。剪断绳子时留出一小段，然后将尾部打散，做成刷子一样的流苏，这样猫咪可以使劲拍打着玩。

Q: 我的猫咪喜欢抓柱。怎样给它选一个好的呢？

A: 之前已经提过了，猫咪需要家具来宣称："我的，我的，我的。"你可以买或者做一些抓柱给那些抓抓乐猫咪们，这样可以拯救你那昂贵的沙发。

不过，在选购开始之前，还有一些基本的原则。

首先，选择的柱子要能够为猫咪提供垂直和水平的抓挠区域。柱子要足够高，足以超过猫咪伸直的身体，即蹲坐姿势时伸出前肢的长度。

第二，仔细检查外表材料。如果你从当地的床上用品商店买来了边角料，一定要买高质量的材料，这样的抓柱才能用得更久些。

第三，要购买稳定性高的。你想要的抓柱要足够稳固，这样，当猫咪在上面做伸展动作或者在上面抓挠的时候，柱子才不会倒塌。

### 不能玩的玩具

这些玩具对猫咪来说可能是不安全的：

- 塑料袋。

- 容易被撕成碎片的塑料球。

- 黏有很多细小颗粒的玩具，这些颗粒很容易被猫咪吞下去。

- 空的雪茄包装纸，会造成猫咪窒息。

Q：有没有什么办法把习惯于室内生活的猫咪训练得适应户外生活？

A：生活在室内的猫咪应该时常到户外呼吸一下新鲜空气，感受一下温暖的阳光。如果你的猫咪不喜欢被拴着链子，那么为了让它的户外活动更加安全，你需要建造一个宠物围场，其目的就是让猫咪有个能够看到风景的私密空间。

能够起到保护作用的稳定、封闭空间需要配有抓柱、斜坡、瞭望台，你的猫咪在这样的地方，有大把的机会和鸟儿们、松鼠以及其他的小动物来一个亲密接触，而不用自己去冒险。同时，它甚至可以自己去抓虫子！

每天安排10分钟的时间让猫咪在这样的围场里玩耍和睡觉，可以使它精力充沛，还能帮助它缓解无聊带来的忧虑情绪。在猫咪仔细观察这个了解外部世界的地点时，你要待在附近。

下面是一些帮助你开始的提示。

- 首先，咨询一下你所在城市或者市镇的相关协会，确保你要建造的围场不需要什么特别建筑许可或者会违反相关条例。

- 对围场的尺寸和形状要做到心中有数。围场应该足够猫咪在里面轻松走动，但是不一定和现有露台或者起居室的尺寸相同。

● 做个预算来估计花费。包括设备的花费、材料和时间的成本。

● 选购能建造稳固、持久抓柱的优质材料。最好的选择包括胶合板、红木、PVC 管道、钢丝以及木头。地板可以从草坪到土地，从混凝土到地毯都可以。最后，还要考虑五金的质量以避免突然松开出现意外。

● 抽出时间建造围场，或者聘请附近的工人为你工作。

对于住在公寓里的各位，最好考虑露台风格的围场，这样的围场可以覆盖一个或者两个单独的窗口，给你的猫咪以充足的空间。我的一些朋友就选择把猫咪放在阳台上，一个可折叠的钢制框架房子。这种框架在不用的时候可以收起来。

不论围场是什么样子、什么风格，目的是让猫咪在里面待得舒服，包括趴卧的材料（厚毛巾或者猫床）、食物和水。还要保证有遮蔽和与通道系统相连接。

最后的选择：如果你在后院为狗狗开辟了一个封闭的场地，那么可以定期让猫咪在这里进行安全的户外活动。那狗狗怎么办呢？可以利用这段时间用花园的水管给它洗个澡。这样就可以同时照顾两个宠物了。

## 猫咪的欢乐时光：我来藏，你来找

拉格是我那灰褐色的虎皮斑纹猫，它喜欢上了猫咪版本的捉迷藏游戏。它把最喜欢的绿色球藏了起来，希望我能够找到。这个游戏是从我在当地的宠物用品商店把这个球买回来的时候开始的。绿球有高尔夫球那么大，只是更加柔软、有弹性。

拉格直接就扑向了绿球，并把它推出了我的视野。然后它走向我，冲着我不断地喵喵叫，我跟着它走。这个情景就好像是它在对我的捕猎能力进行检测。现在，每当我下班回家，这个游戏几乎成为一种仪式。最新的藏球地点在哪里？拉格把球"藏"在了水碗里、我的工作靴里，还有我的枕头下面。

——凯文·摩尔

华盛顿特区

THE
KITTEN
OWNER'S MANUAL

第 **4** 章

把健康的饮食习惯介绍给猫咪

食物就是能量。这句话对你、你的猫咪和其他生物来说，都是对的。如果那成长迅速的猫科朋友饮食正常、数量合理的话，将会迅速成长为一只强壮、健康的猫。

## 为猫咪选最合适的食物

在它生命开始的几周里，猫咪食物的唯一来源是它的妈妈。到 4 周大的时候，猫咪脆弱的消化系统已经可以应付一些半固体的食物了。从那时起，你就应该担负起猫咪私人厨师的重任了。这是一个千载难逢的好机会，把健康的饮食习惯介绍给猫咪。

Q：猫咪必须摄入的健康平衡的食物有哪些？

A：在 6 周到 9 个月这段时间里，猫咪应该进食猫咪专用的高质量食物。猫咪的成长至少需要 41 种营养成分，其中最重要的包括氨基酸、脂肪、维生素和矿物质。

除了数量，这些营养物质必须以适当的比例和形式摄入，才能够维持猫咪的健康。有很多种物美价廉的幼猫食物皆可以达到上述两种标准。

不要给猫咪喂食含有牛奶、婴儿麦片、维生素、鸡蛋和肉类的儿童常用"断奶食物"。这种食物不但贵，而且准备起来也费时费力，更重要的是，其营养并不均衡。猫咪喂食时间表如表 4-1 所示。

表 4-1　猫咪喂食时间表

| 0 ~ 4 周 | 母猫哺乳 |
|---|---|
| 4 ~ 6 周 | 继续哺乳，但是也添加一些柔软的幼猫粮 |
| 6 ~ 8 周 | 母猫逐渐给猫咪断奶，猫咪只吃买来的幼猫猫粮 |
| 12 ~ 14 周 | 猫咪的牙齿已经长出，能够吃一些干硬的食物 |
| 第 1 年 | 就第 1 年来说，猫咪还是应该吃幼猫猫粮 |

Q：我如何判断猫咪吃的食物符合它的营养需求呢？

A：可惜，猫咪不会告诉我们："给我的食物中多加一点蛋白质怎么样？我的毛发生长情况不如预期的那么好。"或者"那袋打折时买的猫粮弱爆了，我妈妈一直非常沮丧。"

因为猫咪无法把自己的不快说出来，所以我们只能通过各种迹象来判断它们的食物中是否缺少蛋白质。别担心，真的做起来比你想的要容易。吃质量较差的食物（那些不易消化、缺少蛋白质的食物）会造成腹胀，还经常会使猫咪出现腹泻，甚至会造成感染，无法达到预期的生长目标。

其他显而易见的信号还包括猫咪的皮肤和毛色。如果猫咪没有摄入足够的蛋白质，它的皮肤会变薄、容易受到细菌感染。它的毛发在被抚

摸的时候，容易折断，还会出现一些斑点，也会出现稀疏的情况。

　　了解了猫咪的营养需求后，就可以评估和选择适当的食物了。应该选择那些含有至少 30% 蛋白质的品牌。

### 猫咪的消化过程

　　当猫咪撕咬、咀嚼、吞咽的时候，会出现不易察觉的征兆：猫咪用牙齿和舌头抓住食物，咬成碎片或者整个吞下。在猫咪嘴里，唾液会对食物进行润滑，使其更容易吞咽。猫咪的舌头会将食物向后经过咽部推向食道，这是连接嘴部和胃部的重要通道。食物立刻会沿着食道落到胃部。

　　当食物到达胃部的时候，已经被胃酸浸透。腺体分泌盐酸和消化酶，这些食物开始分解过程。当食物被混合再经过酸和消化酶的处理后，就会进入肠道进行最后的消化和吸收。

Q：好吧，我应该怎样给猫咪喂食呢？

A：购买品牌猫粮是没错的选择；在购买有悠久历史的品牌时，是不能考虑省钱的。优秀品牌有优卡、爱慕思和科学饮食。每种品牌都会经过科学配方、特别的干燥灌装流程，以满足猫咪成长过程中对营养的需要。

　　在选择猫粮品牌的时候，要确认标签上生产商的名字和地址。知名公司也会写上免费电话，供消费者索取其他信息或者询问关于营养方面的问题。

　　标签应该标明这种食物可以满足猫咪的饮食所需。如果罐头食品的标签上，前两种成分中有一种是动物蛋白，或者干燥食品包装的头三种成分中有一种是动物蛋白，那么就说明你购买的是符合质量标准的产品。

同样，声称自己营养全面、均衡的宠物食品应该符合美国食品管理委员会办公室（AAFCO）的标准。这个组织为幼猫猫粮规定了满足猫咪成长所需维生素和矿物质的最低含量。这些营养物质经过试验达到了均衡，并为猫咪的成长提供了适量的营养配比。

最后，在猫咪 1 岁之前，仍然要给它吃这种食物。它也许看上去已经成年了，但还需要吃整整 12 个月的幼猫猫粮。

Q：我应该给猫咪吃低脂食物吗？

A：当猫咪刚来到家里时，在大约一周的时间里要给它吃同一个牌子的食物。之后，如果你希望更换品牌，可以把旧品牌食物与新品牌食物混合在一起，以防止因为突然更换食物而使猫咪出现消化紊乱、拒绝进食或者腹泻的情况。

如表 4-2 所示是一个简单易懂的表格。

**表 4-2 更换品牌时新旧品牌食物配比**

| 天 | 旧品牌 | 新品牌 |
|---|---|---|
| 1 ~ 3 | 75% | 25% |
| 4 ~ 6 | 50% | 50% |
| 7 ~ 9 | 25% | 75% |
| 10 | 0% | 100% |

Q：哪种食物对猫咪更好呢？干燥的还是罐装的？

A：实际上，两种都可以，前提是你购买的是知名制造商生产的本国品牌。我们看看这两种食物的利弊。

- **干燥食物**：购买干燥食物，花钱少但是获得最多。这样的食物可以整天放在猫咪的碗里，不用担心变质。多数品牌的干燥食品都是很有营养的，这些食物需要猫咪充分咀嚼，从而使它们的牙齿变得更强壮，6～8周的猫咪吃干燥食品是没问题的。

- **罐装食品**：啊，那个味道真是难以抗拒啊！罐装食品会像磁铁一样把猫咪吸引到碗边。但是别忘了价格问题：罐装食品的价格更高。请注意，罐装食品打开之后，要用密封盖盖好，放在冰箱里保存可以多放几天。还要先提醒一下：如果你选择只喂猫咪罐装食品，那么可能会养出一只挑食的猫咪，它会用爪子推开干燥食品。相反，将干燥食品作为猫咪的主食，把罐装食品当作偶尔为之的打打牙祭，效果可能更好。

　　猫咪吃完饭之后，你要把它碗里剩下的罐装食品清理干净，并用含有清洁剂的热水把碗洗干净，以防止埃希氏杆菌或者沙门氏菌之类的细菌滋生。每周一次把猫咪的食碗和水碗放进洗碗机清洗或者进行手工清洗。

### 食品架上的生活

　　放在密封罐里的干燥猫粮可以保存1年之久。之后，食物成分中的化学成分就会分解，使食物发生腐败变质。罐装食品可以在不开封的情况下保存2年。

　　Q：哪种矿物质对猫咪成长至关重要呢？

　　A：了解猫咪的营养需求会帮助你评估并选择合适的猫粮。对猫咪非常重要的矿物质包括铁、铜、钾、锌、镁、硒和碘。

我们看看每种矿物质所起的作用。

- 铁：存在于红细胞中；帮助血液从肺部将氧气运送到全身。
- 铜：对铁在红细胞中的作用有协助效果；与组织的新陈代谢有关。
- 钾：维持体液、神经传导和一些新陈代谢过程的正常进行。
- 锌：对正常的皮肤、骨骼、肌肉和毛发生长非常关键。
- 镁：对正常的细胞繁殖和血液凝结非常关键。
- 硒：与维生素 E 搭配，可以防止自由基对身体产生氧化作用。
- 碘：使甲状腺能够正常分泌甲状腺素，这种激素可以控制基本的新陈代谢速度。

一路走来，我们都受到同一种冲动的控制，猫咪的生活亦依靠这种勇气。

**——吉姆·戴维斯**

**创作《加菲猫》的漫画家**

那还有别的购买优质食品的提示吗？信誉良好的品牌在产品标签上以及成分表底部会标出微量矿物盐的含量。如果看到了氧化锰、硫化铁、亚硒酸钠和碘化钙，这个食品的矿物质含量就是充足的。

## 猫咪餐厅开始营业了

如果你很享受烹饪并时不时亲自下厨给猫咪改善一下生活，那么你家猫咪的运气不错。猫咪餐厅开始营业了。请让我和大家分享一下猫咪真正倾心的菜单。一定要将吃剩下的食物放在有盖的盒子里，把盒子放在冰箱里保存。如果放在冰箱里，这些食物可以在 1 周之内保持不变质。

## 炒鸡蛋
### 2 猫份

1 汤匙奶油

2 个鸡蛋

1/4 杯白软干酪

将奶油放在煎锅里，中火加热至融化。倒入鸡蛋和白软干酪翻炒，直到充分混合——一般需要 2 ~ 3 分钟。将炒好的鸡蛋倒一半放在猫咪的碗里，放凉。另一半可以放在盒子里，下次再吃。

## 金枪鱼米饭砂锅
### 6 猫份

1 杯鸡汤（低钠）

少量牛至（用于调味的一种香草）

1/2 杯绿豆，磨碎

1/2 杯生即食糙米

1 个煮得很熟的鸡蛋，切成小丁

1 罐 6 盎司装金枪鱼（水煮）

用一个汤锅，将鸡汤烧开，然后调小火，加入牛至、绿豆和米。盖盖，焖 10 ~ 15 分钟，或者加热直到米熟。然后加入鸡蛋和金枪鱼，搅拌均匀。晾至室温。

## 猫咪大杂烩
### 6 猫份

200 克白鱼，去骨、切片，切成小丁

1/2 杯奶油玉米

1/2 杯脱脂牛奶

1/4 杯红皮土豆，切成小丁

1 汤匙肝，切成小丁

1 个丁香，剁碎

少许盐

1/4 杯低脂干酪粉

在一个汤锅中，将除奶酪之外的所有食材混合。盖盖，小火焖20 分钟，其间搅拌少许。把汤锅从火上拿下来，撒上奶酪。晾至室温，即可供猫咪食用。

## 猫咪天堂杂拌
### 4 猫份

1 杯水

1/3 杯生糙米

2 茶匙玉米油

盐少许

2/3 杯火鸡肉泥

2 汤匙切碎的肝

1 汤匙骨粉

在一个汤锅中，将水加热至沸腾。倒入米、玉米油、盐，将火调小。盖盖，炖煮 20 分钟。然后加入火鸡肉、肝和骨粉。再炖煮20 分钟，其间不断搅拌。食用前，请晾至室温。

## 了不起的水

水对猫咪的健康至关重要。水能帮助猫调节体温、消化食物、将盐分和其他电解质运送到全身，消除废物。所以，要让猫咪的水碗保持干净，并每天多次向其中装满清洁的饮用水。

| 猫咪的真相 |
| --- |
| 新生猫咪身体中有84%是水，成年猫身体中有60%是水。 |

Q：我的猫咪很少喝水，有时候甚至一整天都不喝水。我该怎么办？

A：如果猫咪一连几天抵制喝水，出于安全考虑，要联系兽医。你的猫咪可能有一些需要引起注意的健康问题。如果健康方面的原因被排除，那就每天多次在猫咪的嘴上滴几滴水。它会自己把水舔干净。如果你的猫咪的确不怎么喜欢喝水，就让它将每天需要摄入的水以罐装食品的形式摄入，罐装食品中含有相当高的水分。

Q：我每天都把水碗加满，但是我的猫咪喜欢从水龙头那里喝水。这是为什么？

A：很多猫咪的行为都是我们无法理解的，这就是其中之一。有一种理论认为猫咪的味觉要比人类灵敏很多。因此，有些猫咪一定要喝从水龙头里滴下的水滴才能够解渴，因为它们喜欢味道新鲜的水。有些猫则希望水碗就放在食碗旁边。其他的则有点像浣熊：喜欢将前爪放进水碗，然后将爪子舔干。总体上讲，猫咪摄入水分的方式并不重要，只要它们能够从卫生的来源获取。但是，一定要确保把马桶的盖子盖好。厕所的水中所含有的化学药品和细菌可能会使猫咪生病。

Q：我给猫喝牛奶可以吗？

A：专家的建议是，在一定条件下是可以的。但有些猫咪对牛奶或者乳糖不耐受，如果你让它们舔舐牛奶，可能会出现肠胃不适（呕吐、腹胀）。如果猫咪能够忍受偶尔喝牛奶，就给它喝脱脂牛奶，但是绝不要喝巧克力奶。巧克力含有可可碱，这是一种对猫咪有毒的成分。

Q：我想让猫咪骨骼强壮。给它喝高钙酸奶，安全吗？

A：可以，但前提是猫咪能够消化酸奶，不产生任何类似于腹胀的不耐受乳糖的症状。显然，猫科动物如果不耐受乳糖，就不能吃酸奶或者任何其他的乳制品。

作为酸奶的粉丝，你应该了解的是酸奶中含有钙、蛋白质、碳水化合物和脂肪等成分。酸奶对于你的猫咪来说也算是补充钙质不错的选择。

千万不要对酸奶的补钙效果过于迷信，否则猫咪可能会长成一只肥猫。要把摄入量限制在每天不超过一汤匙的低脂类酸奶，同时还要确保为猫咪提供高质量的食物，以保证均衡的营养摄入。顺便提一句，酸奶大约有 80% 是水，所以猫咪在吃酸奶的时候，也有水分摄入。

## 喂食计划和程序

作为一只正在成长的猫咪，绝对不用担心那个让人畏惧的词：节食。但是，你要帮助猫咪建立良好的进食习惯，所以尽早开始吧，并且要持之以恒。

Q：我多长时间给猫咪喂食一次？

A：6 周～6 个月的猫咪不应在进食量方面受到限制。过量的热量摄入、过快的生长速度和肥胖对于正在发育的猫咪来说不值一提。专家建议，你每天至少给猫咪喂食 3 次，或者让它们可以自由获得食物。当猫咪超过 6 个月之后，就将喂食次数减为每天 1～2 次。

这期间，不能把餐桌上的食物残渣给猫咪吃，这种行为会造成猫咪的营养不均衡和挑食的习惯。要坚强！我知道这样很难做到。让正在长身体的猫咪从适合它的食物中得到均衡的营养是非常重要的。

| 猫咪的真相 |
| --- |
| 在前 5 个月里，猫咪的体重会是刚出生时的 20 倍——这些都是实实在在发生在你眼前的！如果成长为成年猫，猫咪每增长 1 斤体重，需要摄入与此 2 倍的热量。 |

所以，多少才合适呢？值得庆幸的是，高质量的名牌猫粮在外包装上列出了喂食指导，这种指导是按照猫咪的体重计算的。定期为猫咪称体重，就可以帮助你发现任何异常的体重变化。

根据总体规律，体重在 6～8 斤的猫咪每天需要 200 克的干燥食品或者 170～200 克的罐装食品。每只猫需要的量与猫的体重和食物的密度有关。还有，别忘了猫咪的胃口和食物的总消耗量也许会有变化。这是正常情况。

**Q：我的狗狗吃东西的时候总是狼吞虎咽，但是猫咪却喜欢细嚼慢咽。这种情况正常吗？**

A：完全正常。猫咪可能更喜欢少食多餐，而不是守在碗边，将里面的东西风卷残云，就像是享受一次"饕餮"盛宴。一点一点地吃对猫咪的消化系统更加健康，也更容易接受。但要保证狗狗够不到猫咪的食碗。

**Q：我家猫咪的胃口一向很好，但是最近，食物似乎引不起它的兴趣。它怎么了？**

A：你的猫咪也许会因为病痛或者受伤而食欲不振，有时候心情抑郁也会影响食欲。留心猫咪的饮食习惯，你就可以帮助它，它的食欲会有所改善的。

- 如果它一整天都没有进食，就带它去看兽医。不要再等——立刻去。在进行体检的时候，兽医会向你询问猫咪的情况，以此确定问题所在。兽医会努力缓解猫咪的症状，并且通过生理盐水、抗生素和助消化的药或者消炎药改善猫咪的健康状况。如果猫咪在几天之内对这种支持治疗没有反应，就要通知兽医，他会做进一步诊断的。

- 猫咪如果发烧也会造成食欲不振、精神不佳，也需要去看兽医，不要用儿童用阿司匹林、布洛芬或者退烧药或者其他什么人用处方药——所有这些药品对猫咪都具有相当的毒性——别敷衍了事。

- 猫咪是不喜欢改变的动物。有时候，猫咪不想吃东西只是因为吃饭的地点改变了。尽量在相同的地点和基本相同的时间喂食。
- 在炎热的天气情况下，你的猫咪也可能胃口不佳，相当于我们的"苦夏"。这是正常情况。
- 最后，检查一下家里的其他成员。他们可能给猫咪太多的食物和餐桌上的剩饭，而你并不知道，这也可以解释为什么在你放下食物的时候猫咪不想冲过去。

Q：我们养了一只幼猫和两只成年猫咪。吃饭的时候如何使它们保持和谐呢？

A：成年猫咪和幼猫要分开喂食——在不同的房间。这样就可以阻止成年猫吃掉幼猫的食物，同样也可以阻止幼猫去吃它无法消化的食物。要等到幼猫 1 岁的时候，才可以改变喂食的方式。之后，你就可以自由地给它们喂食了，因为它已经成年了。


## 桌上的残渣和挑食的猫咪

猫咪很快就会熟悉你所吃食物的味道和样子，也许它们的味道比它碗里的食物味道好，所以要小心。

Q：给猫咪吃一些餐桌上的残渣有什么问题吗？

A：多数猫咪的主人坐下来吃饭的时候，没办法拒绝猫咪那祈求的眼神和时不时轻轻抓挠的小爪子。但是餐桌上的残渣无法像商店里销售的猫粮那样，向猫咪提供完全、均衡的营养。

小片的（你大拇指甲大小）烤鸡、火鸡或者鱼可以偶尔给猫咪，让它解解馋，但是要在它 6 个月大之后。在此之前，它的消化和免疫系统还没有发育完善，无法消化人类的食物。

绝对不要给猫咪喂食未处理过的生肉、生鱼或者禽类，因为里面可能有细菌或者寄生虫，如果你采用生肉骨喂食法，需要事先对食物进行正确的冷冻解冻步骤。同样，也不要给猫咪吃含有洋葱的任何食物。洋葱中所含的化学物质会破坏猫咪的红细胞，造成贫血。

Q：跪求！我的猫咪每晚都会在餐桌旁边蹭饭。看着它充满乞求的眼神，我很难拒绝。我该怎么办？

A：我们的猫咪朋友很快就会知道哪里能够找到食物，也迅速对餐桌产生浓厚的兴趣。所以，吃饭的时候，决不能给猫咪喂食不健康的餐桌残渣。如果你这样做了，猫咪很可能会发胖或者因摄入过多盐分而在长大以后得其他慢性疾病，更不用说还培养了一个坏习惯：乞讨。下面的一些方法也许可以帮到你。

- 形成喂食规律：猫咪是不喜欢改变的动物，喜欢在固定的时间进食。它们没有表，但是它们有神秘的方法知道何时该吃饭。此外，还要尽可能在相同的地方给猫咪喂食。

- 在你坐下来吃饭之前，给猫咪喂食：理想情况下，让猫咪在你准备好坐下来享用美食之前就已经吃过自己的食物了。如果它吃饱了，也许就不会变得焦躁而向你乞讨了。

- 在另一个房间给猫咪喂食，这个房间最好有门：让猫咪开始吃饭，然后在身后把门关上。这就可以让你不受打搅地享受自己的食物，而且你也很高兴地知道，猫咪也可以不受打搅地享受它的营养美食。

如果尝试了所有方法，结果还是发现自己向那双充满乞求的双眼举手投降了，那就立下一些规矩。在你吃完饭，把盘子放进水槽之后，才给猫咪一些人类的食物。走过去，把食物放在猫咪的食碗里。它很快会明白自己无法在你吃饭的时候得到任何餐桌上的食物，以后也就不会再乞求你了。

Q：给它吃多少才是太多了呢？

A：如果你给它太多食物，猫咪会发胖的。关键是恰到好处。零食点心的比例不应超过猫咪整体进食量的10%～20%。如果你想进行计算，专家们会建议，健康的猫咪应该每天摄入250卡路里热量的食物。所以，这些零食的热量不能超过每天25卡路里。

---

### 猫咪的真相

你有没有想过养一只大肥猫？那只肥胖的虎斑和西咪——那只已经死去的超重猫咪。一只澳大利亚猫以45磅（约41斤）的体重，于1986年为自己在吉尼斯世界纪录大全中赢得了一席之地。

---

Q：我的猫咪喜欢生的金枪鱼，对罐装的金枪鱼不屑一顾。它是不是对不同的金枪鱼会区别对待呢？

A：猫咪喜欢某种食物更甚于其他食物的原因基于味道和风味。猫咪们对口味和质感以及食物的外观形状非常敏感。这些因素决定了猫咪对食物的喜好程度，而风味对于猫咪决定吃什么东西是最重要的。研究毫无例外地表明，猫咪更喜欢新的或者从未经历过的形状或者味道，天天如此。

所以，如果你总是给它罐装金枪鱼，那么，当你给它一点新鲜的金枪鱼时，猫咪可能就会被一小口形状与以往不同、有强烈鱼味和口感的食物所吸引。同样，生的、新鲜的金枪鱼可以起到天然牙刷的效果。咀嚼一片金枪鱼可以为猫咪的口腔进行按摩，并可以清除牙齿表面的牙石——这样可以节省每隔一段时间就要去看牙医的费用。

不过，还是应该对专攻营养学的兽医所提出的不要给猫咪经常喂食金枪鱼的建议引起足够的重视。金枪鱼富含镁，这种矿物质可以在猫咪的膀胱里形成结石。只把金枪鱼作为零食，而不是猫咪的主食，才可以让猫咪避开生病的危险。

Q：给猫咪吃生虾安全吗？

A：猫咪的消化系统还无法对付生海鲜。生虾里可能还有寄生虫。而硫胺素摄入不足的猫咪可能会得癫痫，甚至会因为吃生虾而送命。安全要比遗憾更好——不要给猫咪吃生虾。吃之前一定要弄熟。

Q：我听说吃鸡蛋可以让猫咪的毛色看上去更好。我能给猫咪吃生鸡蛋吗？

A：频繁吃的话不行。罗威尔·艾克曼是一位来自亚利桑那州梅萨的兽医。他是一位猫科动物饮食的营养专家。他说生鸡蛋的蛋白会影响猫咪对维生素 H 的吸收，维生素 H 是 B 族维生素的重要一种。而生鸡蛋里还含有沙门氏菌。如果你想为猫咪准备一些鸡蛋，每周的喂食量不要超过 1 个或者 2 个。

## 进食问题

这是无法避免的。从某种程度上讲，所有猫咪都有进食问题。接下来的一些策略也许会对你有所帮助。

Q: 为什么本来很正常的猫咪会去吃花盆里的土呢?

A: 这种奇怪的饮食喜好并不少见。有些猫科动物吃土是因为它在寻找食物中无法提供的微量矿物质。出于安全方面的考虑,要送猫咪去看兽医。一份血液检测就可以排除各种严重的健康问题,比如贫血。如果猫咪的健康情况没有问题,就可以放心:吃土不会影响它的健康。它的这种行为可以认为是猫咪的怪癖。不过,主人不能鼓励猫咪的这种行为,可以把花盆用铝箔或者石头盖起来。

Q: 我一直很担心猫食罐头的金属内层,特别是当食物没有吃完的时候。这样安全吗?

A: 罐装的猫粮不会像上好的红酒那样越久越好,特别是在打开之后。罐头打开之后,最好在 3 天之内吃完。有些主人担心罐头的金属内衬,害怕这些金属会有一些金属颗粒落到食物中,而这样的食物会被猫咪吃下去。放心,宠物食品制造商使用的内衬是惰性金属,这是一种具有保护功能的表层。只要你把打开的罐头用盖子盖好,并放进冰箱里,罐头中的食物就是安全的,猫咪吃下去是不会有安全问题的。

> 每个猫主人都知道,没有人能完全拥有一只猫。
> ——艾伦·帕里·伯克雷

Q: 我的房子里经常有蚂蚁。怎样才能阻止它们接近猫咪的食碗呢?

A: 有一个非常古老的关于蚂蚁的秘密:它们不会游泳。你可以把猫咪的食碗放在一个大一些的盛有水的碗中,形成护城河,这样就可以阻止蚂蚁军队的入侵。蚂蚁是不会冒着被淹死的危险去接近猫咪的食碗的。

Q：哎呀！猫咪有点腹胀。怎样办呢？

A：首先，检查你为它准备的食物。腐烂的食物很容易使猫咪产生有刺激性的气味，比如甲醛。谷类、豆类（包括黄豆）以及奶制品都会引发不良气体。注意保持猫粮的新鲜，并将它们放在密封盒里。

购物的时候，要看标签并选择那些易于消化、纤维含量低，并含有适量蛋白质和脂肪的猫粮。可以采用每天多次喂食少量猫粮以代替集中喂食大量猫粮的方法。因为少量进食易于被猫咪的消化系统所接受。有些猫在吞咽食物时，将空气也一起吞下去——这是造成腹胀的另一个诱因。

如果采用上述所有步骤之后，猫咪肚子里的气体依然存在，就请兽医检查一下是否有其他的原因，比如食物过敏或者肠道疾病。

Q：我家猫咪对多数食物都没什么兴趣，怎样才能让它的食物更有吸引力呢？

A：你需要重新调整进食时间。当兽医查清了健康原因之后，就要开始对挑食猫咪的进食时间有所限制。如果你家的食客非常挑剔，应该采取一些干预措施并控制进餐时间。如果它在 1 个小时内还没有吃完，就把食碗拿起来收好。稍晚些时候，再放下来 1 个小时，然后再收起来。猫咪很快就会明白当食物准备好的时候，最好尽快吃，否则就要饿一会儿肚子了。

下面这些方法，也能够帮助猫咪加入"吃货俱乐部"。

- 让食物有温度。如果你的猫咪对一碗干燥的猫粮不理不睬，就加一点热水。当水和食物混合的时候，会产生类似肉汁的东西，这些东西可以让食物更加诱人。主人还可以尝试在微波炉里把罐装食品加热 10 ～ 50 秒。在给猫咪吃之前，用手指试试食物的温度；温暖而不滚烫是最合适的。

- **有鱼的味道。**在猫咪的世界里，食物闻起来越香，吃起来也就越香。给猫咪吃一些鱼味的食物，这时，你就可以看到猫咪变成贪吃狗狗了。

| 猫咪的真相 |
| --- |
| 　猫咪能够分辨出酸味、苦味和纤维，但是无法分辨出甜味。猫咪的舌头甚至有辨别食物质地和温度的能力。 |

Q：我的猫咪是一个粗放型的吃货。怎样才能把清洁工作减到最少呢？

A：有些猫咪会吃上一大口，然后把食物残渣弄得满地板都是。但它们这些行为都是非常正常的。有些猫咪还会有意将食物叼到外面以防止其他猫咪将食物叼走。

尽量让猫咪在一个不受干扰的环境里进食，在安静的空间里，不用和家里其他的宠物进行争斗。这样就可以使猫咪放弃边吃边撒的习惯。或者把它的食碗放在一个没有人来回走动的区域。

如果你的猫咪把食物都撒在了碗的周围，就尝试把食物和水放在很重的盘子里，这样，盘子不会轻易滑动。此外，把塑料的垫子或者报纸垫在盘子底下，也可以防止汤汁撒到地板的其他地方。

## 同等重要的健美操

恭喜你！你已经能够控制猫咪的饮食了。与此同等重要的是，为猫咪制定定期的锻炼计划，这样猫咪才不会发胖。有很多非常有趣的练习。想要了解更多的趣味练习，请参考第 2 章、第 3 章。

Q: 对我自己来说，把健康的饮食和锻炼结合到一起，就可以保持身体健康。如果想保持猫咪的身材，有没有什么好的建议呢？

A: 猫咪喜欢玩，可以把玩耍时间变成燃烧卡路里的锻炼。下面是一些有趣的猫咪练习。

- 用一种一端有羽毛的互动玩具。把它上下左右地摇晃，模仿鸟的运动并鼓励猫咪跳跃、伸展。
- 在家里做一个猫咪障碍运动装置。以袋子、纸板盒子和软管充当材料。相信你可以看到猫咪非常喜欢在里面尽情地跳跃、攀爬。
- 让蛇形玩具在楼梯上拍来拍去，猫咪就会追逐这些玩具。
- 买一个大型猫爬架，猫咪可以从一层跳到另一层。在锻炼平衡和协调能力的时候，猫咪会非常积极。
- 猫咪曲棍球。找一个彩色塑料铃铛扔在没有铺地毯的地板上，检测猫咪的速度和协调能力。不过玩耍之后，记得把"球"拿起来收好——你肯定不希望猫咪不小心把这塑料球咬坏或者吞下去。

## 猫咪的快乐时光：聪明的蒂娜

　　当我把蒂娜从当地的人道主义组织接回家的时候，它只有4个月大。我根本不知道它有多么聪明。它到家几天之后，我就被滴水声吵醒了。是厨房的水龙头开了。开始我还以为是父亲或者我自己忘记关上了呢，但是这种情况却一再发生。

　　然后，蒂娜被我抓了个现行。它跳上台板，用爪子推动开关，直到水流出来，然后喝从里面流出来的水。当口渴得到缓解后，它就从台板上跳下来。我偶然想到了一个解决方法。有一个晚上，我在水槽边放了一杯水，那天的水龙头没再滴水。但是，如果我忘记放水，蒂娜就会再次上演它的猫爪神功。

——南希·萨克斯

细德堡，威斯康星州

THE
KITTEN
OWNER'S MANUAL

第 **5** 章

猫砂盆培训

"咪咪，请允许我向你介绍猫砂盆——这是你专用的便壶。"如果能有这么容易就好了！

真实情况是，猫咪需要你的不懈努力才能对正常的如厕有所了解。当然，它们天生的掠食者本性使得它们能快速追逐移动的纸团，可以对着鸟儿喋喋不休，但是对于如何使用猫砂盆这样的细节，还是需要学习的。有的是从妈妈或者同胞那里学习，有的则需要你来当指导老师。

知道何时需要上厕所，可以让猫咪更有归属感和平静。

## 猫砂盆的基础知识

的确，购买一个猫砂盆和相关附属用品不会成为你周末购物的重点，但是选择合适的工具会帮助猫咪形成良好的卫生习惯。

Q: 我的猫咪明天就到了。我还需要为它添置什么呢?

A: 小猫的 101 堂课在猫咪进家门之前就开始了。你需要为猫咪购买适当的清洁附属用品和必需用品。购物清单包括塑料猫砂盆(易于清理)、猫砂、塑料的能够用很久的长柄粪铲,一个簸箕和扫帚,抗菌清洗剂和空气清新剂。塑料围栏——用起来有点麻烦但是花费不多。

如果你收养的弱小孤儿猫咪还不到 8 周大,还需要一个边高不超过 7.5 厘米的塑料盒子。这样的高度足以将猫砂限制在盆里,又可以让短腿的猫咪能够跨进去。

对于 8 周龄以上的猫咪,要买一个标准尺寸的猫砂盆(长 45 厘米,宽 35 厘米,高 10 厘米)。猫咪依靠自己弹性十足的腿完全能跳进跳出这个盒子。还有,请相信我,因为处在幼年,所有事情在它们眼中都是冒险。有些猫喜欢将猫砂盆视为私人领地,而主人们希望能够帮助猫咪把垃圾和臭味限制在盆里。还有就是如果你养的这只猫咪,很容易受到其他猫咪或者家里其他宠物的恐吓,那么,可以在角落放一个猫砂盆,这样猫咪就可以看见并开始使用,以避免一些意想不到的干扰。

Q: 我养了 3 只猫咪。需要几个猫砂盆呢?

A: 3 个。这是我最喜欢的数学课。每只猫咪都有自己的盆,这应该是你的目标。而且,如果可能,把盆放在房子的不同地方。这个办法可以防止猫咪滋生地盘观念并阻挡其他猫咪使用自己的猫砂盆。猫咪是不可能同时出现在不同的地方阻挡别的猫使用猫砂盆的。同时,准备额

外的一两个猫砂盆，为它们提供解决"问题"的方便，也可以降低犯错误的可能性。

Q：我应该用什么样的猫砂呢？

A：下面就要说到选择猫砂的问题了，你有很多种选择。种类包括泥质、土质和有机（循环使用的报纸）等，可以为猫咪量身定做。你可以一直给它使用同一种猫砂，除非它不愿意用你准备好的猫砂盆了，因为猫咪对不同的猫砂也有不同的反应。

---

### 便便提示

当你把猫咪刚接到家里的时候，尽量给它用和上一个家相同品牌的猫砂。这会让猫咪对这个家庭没有陌生感。如果你喜欢另一种猫砂，可以在猫咪掌握了如厕的程序之后，逐渐将盆里原来的猫砂换掉。

---

Q：房子里哪些地方放猫砂盆最好呢？

A：我们先着手筛除放猫砂盆最糟糕的地方。排在首位的是猫咪的食物和水碗旁边。猫咪的鼻子非常灵敏，它们的嗅觉能力要比人类强很多倍。而且它们都有洁癖。所以一定要把食物、水碗与猫砂盆分开放置。另一个绝对不能放的地方：房子里"交通繁忙"的区域，比如厨房、餐厅或者起居室。猫咪喜欢有点私密的空间，在"办事"的时候，它们希望安静。

所以，最好的地方就是卧室、空闲房间的壁橱地板、地下室温暖舒服的角落，或者洗衣间，只要不靠近不断震动的洗衣机和干衣机就好。把猫砂盆放在合适的地方后，你就可以鼓励猫咪养成良好的排泄习惯了。还要周到地在 1.5 米以外放一台空气清新机，以帮助缓解猫砂盆的味道。

## 使用猫砂盆的要和不要

在训练猫咪如何使用猫砂盆时，要牢记下面几点。

- 要每天把粪便清理出去以保持猫砂盆的清洁。
- 要为家里每一只猫分别准备一个猫砂盆。
- 要注意猫咪对猫砂的偏好。它是喜欢土质的还是沙质的？
- 要把猫砂盆放在一个隐蔽、安静的地方。
- 不要使用喷过香水的猫砂。
- 不要把猫砂盆和食物、水碗放在一起。
- 不要使用氨基清洗剂清洗猫砂盆。多数猫咪都不喜欢非常强烈的味道。
- 不要让狗狗、孩子或者其他猫咪挡住它去猫砂盆的路。
- 不要在猫砂盆周围做任何猫咪不喜欢的事，如服药、梳理等。
- 如果它在猫砂盆外面解决问题，千万不要用尿或者粪便擦在猫咪的鼻子上。惩罚只会让猫咪更困惑，而且还可能犯下更严重的错误。

Q：如何正确地将猫砂盆介绍给猫咪呢？

A：猫咪具有天生的模仿能力。它们仔细观察，然后就会跟着做。很多猫咪都能通过观察、模仿它们的妈妈进行排尿和排便。如果猫咪是孤儿，而家里正好有一只成年的猫咪，它就会以这只猫为榜样，特别是和这只猫成为朋友后。这只成年的猫俨然就是猫咪的如厕导师。

如果新来的猫咪没有其他的猫科伙伴，那你必须担当起指导的重任。不要害怕——教猫咪使用猫砂盆要比教孩子骑自行车简单多了。当猫咪吃完食物，或者喝了一些水就走开了，这就是给你的信号。等上15～20分钟，然后慢慢走过去，抱起猫咪，把它放在猫砂盆里。猫咪的膀胱还很弱小，消化过程相当快，所以这是猫咪学习使用猫砂盆的最好时间。

当猫咪待在猫砂盆里的时候，要轻轻摇晃自己的手指，以引起猫咪兴趣，让猫咪随意跳进跳出猫砂盆。其目标就是让猫砂盆成为它生活中的必需品——不会产生不快或者紧张的情绪。当猫咪排便完成后，可以轻轻抚摸它并用平静、友好的语调称赞猫咪。

多数猫咪学习能力很强。在几天之内，你的猫咪就可以自己走进猫砂盆进行排便了。

但是请注意，不要让猫咪在屋里太自由地走动。它也许会在房间里迷路，而因为急于排便就会在不适当的地方解决问题。

Q：我的猫咪总是躲起来。我怎样将猫砂盆介绍给它？

A：新来的猫咪经常躲起来，直到对环境感觉良好。所以要将猫砂盆放在猫咪觉得安全的地方，然后根据情况逐渐移动猫砂盆。首先，让猫咪待在有限的区域内，使用附近的盆，直到它学会使用猫砂盆。还有就是不要忘记良好的行为是应该进行表扬的。如果它做了正确的事情，不要吝啬你的表扬。在进行如厕训练的时候，不需要用食物作为奖励，口头表扬即可。

Q：我多久清理一次猫砂盆才合适呢？

A：每天清理一次。如果你能每天早上将猫咪的粪便清理出去，就大大降低了猫咪在猫砂盆以外的地方排便的可能性。如果使用结团猫砂，那么粪便必须每天清理出去以保持空气清新。水晶猫砂和有机猫砂及其他类型猫砂也需要每天进行清理，而且每周更换一到两次。

一般情况下，应该每周一次将猫砂全部倒掉，盆子用杀虫剂和热水仔细冲洗，然后彻底干燥。实在不方便的话，每个月清理一次也可以。同时还要清洗塑料的拾便器。

用超市的塑料袋收集猫咪每天排出的粪便来代替猫便袋也是可以的，而且费用较低。将这些口袋密封，扔到外面的垃圾箱里，就可以保证房屋里没有异味了。

**Q：猫咪有时候会睡在猫砂盆里，是吗？**

A：你可以把这条归到"亦怪亦真"里。有些猫咪，包括我那只"从来不找麻烦"的墨菲，喜欢在刚刚清理过的猫砂盆里小憩一下。对它们来说，盆代表着一个安全的毯子，是一个舒适的空间。这在新来的猫咪中更为普遍，因为它们需要调整自己的生活习惯以适应新环境。多数猫咪都会在几天或者一周之后找到更舒服的睡觉地点。

可是，如果猫咪将猫砂盆当作床了，就学学我对付墨菲的方法。我准备了一个纸板箱，里面用柔软的毛巾铺好，以此告诉它纸板箱是一个更好的休息场所。当它开始将猫砂盆当作不错的睡觉地点的时候，轻轻把它抱起来，放在纸板箱里。昏昏欲睡的猫咪会乐于在更舒服的地方睡觉的。

**Q：在清理猫砂盆的时候，我需要注意些什么？**

A：兽医建议在清理猫砂盆时，要养成良好的卫生习惯。在清理粪便的时候要戴好塑料或者橡胶手套。将粪便及时放到塑料袋里密封，然

后直接放进垃圾桶里。之后用热肥皂水浸泡双手。每次清理完猫砂后都要用肥皂仔细清洗手套。

Q：我怀孕了。对于处理猫砂盆，需要采取什么预防措施吗？

A：在怀孕期间，最好把清理猫砂盆的工作转交给家里其他人，以完全消除受到感染的可能。这里要强调的是，准备怀孕前，去正规医院进行一个TORCH检查，仔细看检查结果，如果显示曾经感染过弓形虫，恭喜你，你这一辈子都不会再遭受弓形虫的困扰了。如果显示没有感染过，则在孕期前三个月内都交由家人处理猫咪粪便。更要注意的是不要吃生肉，饮用未经消毒处理的奶制品。在感染弓形虫的原因调查中，因为吃生肉而感染的概率排第一。

## 如厕习惯突然改变了

猫咪的如厕行为可能连续几周都非常出色，总能够使用猫砂盆。然后，突然，似乎它对猫砂盆产生了抵触心理。我的猫咪是不是出了什么问题？

Q：为什么猫咪不用它的猫砂盆了？

A：如果猫咪的行为像个有点讨人嫌的家伙，并在猫砂盆以外解决问题，要强压你的愤怒。很多情况下，猫咪突然不用猫砂盆有一个非常关键的理由——与健康有关。猫咪是想告诉你，它出了些状况。也可能是因为环境的改变，使得身体有些不舒服。

有一件事情是非常肯定的：问题不会自行消失，如果你视而不见，它很快就会变成一个不好的习惯。

第一步，找出猫咪在屋子里随意排便的原因，你可以和兽医进行预约，请他给猫咪仔细地检查一下身体。与猫咪不使用猫砂盆相关的健康问题包括膀胱囊肿（膀胱感染）、猫尿路感染、寄生虫、食物过敏、糖尿病、腹胀、便秘、肛门腺压紧、肾衰竭和肿瘤等。

Q：我的猫咪排尿困难。这会是什么问题呢？

A：排尿困难可以由很多因素造成。不要拖延，在情况恶化到有生命危险之前，带猫咪去看医生。尿液滞留在体内会产生毒素，这些毒素对猫咪会再次产生危害。

膀胱有问题的猫咪经常会出现下列症状。如果你的猫咪出现这些现象，要第一时间送它去看兽医，进行检查。

- 猫砂盆里只有少量排尿的痕迹。
- 进进出出猫砂盆，用爪子抓挠猫砂，但是没有排尿。
- 在猫砂盆里排尿的时候会叫。
- 尿中带血。
- 在不合适的地方排尿，比如，你的枕头或者地毯上。

Q：兽医也找不到病因，猫咪还是不使用猫砂盆。到底是怎么回事？

A：如果身体原因被排除，猫咪不使用猫砂盆的原因可能是因为臭味。猫咪喜欢干净的猫砂盆，如果盆很脏、有不良气味，它会到别的地方去解决。

> **猫咪的真相**
>
> 很多猫咪都只习惯用某种特定的猫砂，你可以通过实践了解什么样的猫砂让你的猫咪舒服。一份经过认证的纽约动物学家彼得·波切特的实验表明，多数猫咪似乎都喜欢颗粒细致的沙质猫砂，这种猫砂不会有很多土，气味也不会很重。

如果你尽职尽责地每天清理猫砂盆，每周更换猫砂，并且坚持不懈，但还是不解决问题，就尝试一下下面的方法。

- 更换猫砂的类型，并将新猫砂放在一个新的、干净的盆里。有些猫会对某种猫砂过敏。市场上有很多种类的猫砂产品。不要选用有香味的猫砂，特别是有花香或者柠檬香味的。猫咪讨厌这种味道。

- 猫砂盆不要装得太满。猫砂高度在 5 ~ 7.5 厘米就好。

- 不要使用有盖子的猫砂盆。尿的味道会积聚在盆里，使得猫咪不得不放弃这里而到别的地方去排便。

- 猫砂盆要远离食碗和水碗。猫咪不会在靠近食物的地方排泄。

- 在猫砂盆里撒一些烘烤过的小苏打，以帮助驱散异味。烘烤过的小苏打可以有效地吸收异味。

- 仔细检查随意排便的那个地方。健康的猫咪在猫砂盆外面排便的最普遍原因，就是发现那个地方对它们来说更具有吸引力。它们也许认为猫砂盆上的覆盖物太过局促或者对盆里的沉淀物感到不爽。也有可能是因为盆挨一些常发出很大噪声的家电太近的缘故。

- 检查气味。猫咪会对房间里喷洒的空气清新剂的花香味或者柑橘味道非常讨厌。要使这些味道距离猫砂盆至少 1.5 米远。

动物行为学家告诉我们，解决猫咪在盆外排便问题的关键是要让猫咪对盆产生更大的兴趣，而家里的其他地方对它来说没啥吸引力。有时候只是需要更加频繁地清理猫砂盆或者将猫砂盆放在干净整洁的区域——这些方法都可以奏效。

Q：如果猫咪不喜欢正在使用的猫砂，它会给我一些提示吗？

A：当然，你对这些迹象要注意：如果猫咪站在猫砂盆的边缘或者刚好在盆的旁边排便，它也许是不想和让它不爽的猫砂产生接触。

Q：没有健康问题，猫砂盆非常干净，但是猫咪还是在别的地方排便。还有其他的解释吗？

A：一种可能的诱因：压力。猫咪和人类一样，也会焦虑和沮丧。当心情不好的时候，它们天性中或打或逃的一面会迸发出来，根据猫行为学家和《台板上的猫》（圣马丁出版社，2000）的作者拉里·拉赫曼的观点，此时想要在盆外面排便的冲动就会越来越难以控制。

此外，如果猫咪觉得自己的地盘被别人侵占了，它们会标记"非请勿入"，手段就是通过在墙、窗帘等垂直物体上喷洒尿液来界定边界。解决这个行为问题的关键在于针对隐藏在背后的焦虑问题，从而避免这种你不希望看到的行为变成习惯。

拉赫曼博士说，焦虑是造成猫咪在屋子里排便、用尿液标记地盘等行为的关键。经常出现这种行为的诱因可能有以下几种：

- 搬新家。
- 家里来了新宠物。

- 家里有了新生儿。

- 由于搬家、死亡或者其他原因，家庭成员或者宠物的离开。

- 由于工作压力或者家庭关系紧张（猫咪能够感受到人类家庭成员的情绪变化）。

| 猫咪的真相 |
| --- |
| 　　在屋子里随意排便是一种非常普遍的行为，猫咪的这种行为让主人非常头疼。实际上，在屋子里随意排便已经成为主人们最终将猫咪送到动物收容所众多原因中名列第一的原因。 |

Q：如果压力是让猫咪到处便溺的元凶，我能为它做些什么呢？

A：如果压力是诱因，拉赫曼教授推荐以下这些方法。

- 把猫咪已经尿过或者排便的地方变得让它们难以到达或者让猫咪讨厌那些地方。你可以通过堵上通道关上门、在那些区域铺上铝箔，让猫咪无法到达那些地方或讨厌在那种地面行走来阻止它们随处便溺，或者在那个地区喷洒柑橘味道的芳香剂。

- 在它上次便溺的地方和猫咪玩耍或者给它喂食，这样猫咪就会把这些地方当作能够获得乐趣的地方，当然它就会觉得这地方不适合排便了。

- 如果发现猫咪正在猫砂盆外面排便，拍手、吹口哨或者摇晃装有硬币的小罐子都行。不要冲着它大吼大叫或者打它。

- 请教兽医，看看抗抑郁药物会不会对紧张、压力大的猫咪有所帮助。

- 与猫咪沟通。每天两次，带着焦虑的猫咪来到屋子里一个安静的房间，进行一次安静、友好的交谈。每次 15～20 分钟，轻轻地抚摸猫咪，给它准备一些食物和玩具。用你和猫咪这种一对一的相处时间来建立它的自信。

猫咪的麻烦在于……它终究是一只猫！

——奥格登·纳什

Q：哎呀！我的猫咪开始向家具和墙壁撒尿了。我该怎么办啊？

A：标志气味或者喷洒，是猫咪与其他猫咪或者人类交流的一种方法。没有阉割的雄性猫要比阉割过的雄性猫或者绝育的雌性猫更频繁地留下刺激性气味。

气味标记是猫咪告诉其他猫咪它不高兴或者觉得受到威胁或挑战的一种方法。通常这种情况都是发生在同一个屋檐下的猫咪之间，或者一只生活在室内的猫咪通过窗户或者门看到外面的一只流浪猫。猫咪以这种方式宣称："嘿！这是我的地盘。作为证据，我要留下自己的联系方式。所以，你给我躲远点！"

你该怎么做？如果这种行为是因为你的猫咪兄弟姐妹之间的竞争才出现的，那么将它们阉割或者绝育。同时把它们分离开，直到大家都冷静下来。

如果原因与某只猫猫的入侵有关，那么就要在门边准备一个装满水的喷壶，一旦那只猫在门口出现，就朝它的方向喷些水。同时，遮住窗户和门，不让你的猫咪看到外面的猫。

如果所有这些措施都无效，就联系兽医，看看是否应该谨慎地给猫

咪开一些抗焦虑的药。但是这些药物在专业行为学矫正计划中，只是解决问题的临时方法而已。

Q：我们刚搬进新家，猫咪就开始在起居室的地毯上尿尿。它之前总是在猫砂盆里排便的。我该怎么办呢？

A：猫咪的领地意识是非常强的。如果毯子在你带着猫咪们搬进来的时候就已经放在那里了，猫咪就会抓住机会在上面尿尿，以此来宣称："嘿！我已经遮盖了原来宠物在这块毯子上的味道，现在住在这里的是我。"

首先，用市售的能够有效清洗并去除尿中蛋白质的含有活性酶清洗剂或环保酵素来清洗毯子，而不是简单地用84或者滴露这些普通消毒剂遮盖异味。第二，在毯子上面盖一张猫咪讨厌的铝箔纸，猫咪就不会一而再再而三地盯着这张毯子了。第三，可以考虑将猫咪的水碗和食碗放在这块被弄脏的毯子旁边，就可以进一步使它不在这里留标记了。或者将柠檬、橘子皮之类的东西放在这个地方；猫咪不喜欢柑橘科植物的味道。

Q：我的猫咪开始在沙发后面排便。它为什么这样做——我怎样才能阻止它呢？

A：首先，不要惊慌也不要尖叫。其次，将粪便的样本收集起来送到兽医那里，请他检验一下里面是否有寄生虫。如果检查出有寄生虫，就要给猫咪吃药、打虫。

来自加利福尼亚的圣莫妮卡的兽医罗杰·瓦伦汀说，如果没有寄生虫的问题，就应该开始第二套方案了。他说，很可能是因为它喜欢在一个像浴室一样隐蔽的地方"办事"。

以下是如何验证这个理论的步骤：把猫咪放在一个没有任何遮挡的房间里。放两个猫砂盆：一个放在房间的中间，另一个用一个纸板箱盖住（开一个口），盖子让猫咪知道，这个猫砂盆会有一些私密感。看看猫咪会选哪一个。如果它选择了第二个，就说明猫咪希望能有一个私密空间，那就买一个带盖子的猫砂盆。同时，在它之前排便的那个地方用双面胶铺好，猫咪不喜欢踩在黏糊糊的东西上，然后猫咪就不会再去那里了。

Q：怎样才能不让猫咪把我的花盆当做备用厕所呢？

A：你要从猫咪的角度考虑问题。深色、柔软的土壤真是一个留下点东西的好地方。不过接下来就是如何解决了：把花盆里的土用铝箔纸或者纸板盖好。你还可以在花盆周围撒一些樟脑球。所有这些方法都可以阻止猫咪把花盆当做小便场所的行为。

## 如何阻止猫咪不正确的排便习惯

我猜你一定没有想到还有很多方法可以解决猫咪的排便问题。那么，是什么呢？还真挺多的呢！

Q：怎样才能够阻止猫咪不正确的排便习惯呢？

A：你可以略施小计让猫咪愿意再次使用自己的猫砂盆。

第一步应该是彻底清理猫咪尿过的地方。用一种白醋和水的混合物去除味道。将一杯醋和 1 加仑水混合就可以制成溶液。当表面干燥之后再用活性酶清洗剂或环保酵素彻底清洗以去除味道。在进行清理的时候，还要注意检查狭小、隐秘的表面——特别是毯子——在清洗之前，请先确保清洗剂不会造成织物褪色。

如果尿液已经在毯子上停留了一段时间，就要在有尿的地方多次使

用水和醋的溶液。这些地方要仔细清洗以减少相同问题的再次发生。

　　阻止猫咪在不适当的地方排便，最佳方法是当你看到这种行为发生时，立即进行干预。猫咪不使用猫砂盆而选择房间的某一个角落"办事"，其原因有很多。猫咪的生活规律发生改变时，对压力是很敏感的。甚至换一个沙发也会引发敏感猫咪在猫砂盆外面排便的行为。你要做的就是分辨猫咪这种行为背后的原因。

　　你还要了解，猫咪喷洒尿液是为了标示地盘还是只是在一个新的地方蹲下来排便。很多猫咪开始做标记，是因为性成熟。在6个月大时，进行去势或者绝育就会治愈猫咪的这种需求。

---

### 消毒须知

与猫砂的怪味道作斗争需要3个步骤。

- 经过烘烤的小苏打

- 醋＋水的混合液

- 市售的活性酶清洗剂

---

**Q：最好的去除房子里异味的方法是什么呢？**

**A：**猫尿的气味是非常强烈而刺鼻的。你必须首先要确定地点。科罗拉多州丹佛市无言朋友联盟的行动主管凯蒂·詹金斯说，你必须用自己的鼻子和眼睛进行搜索。这个组织是美国历史最悠久、规模最大和最具声望的动物收容组织之一。不要因为它的名字而感到不解。该组织成立于1910年，当时"无言"这个词被用来形容无法说话的人。组织者就用了"我们为那些不能替自己说话的朋友（各种动物）发言"这句座右铭。用鼻子闻的工作并不难。如果是晚上，可以用黑光灯来确定陈旧的尿迹。只要关上房间里的灯，受到污染的地方就神奇地出现了。

现在是时候进行清理了。不要使用蒸汽清洁装置清理地毯或者衬垫上的猫尿气味。机器散发的热量会使蛋白质与织物中人造纤维结合从而永远无法除掉气味。同样，也不要使用气味强烈的清洁用品，特别是含有氨成分的。所有这些都只会让猫咪更加坚定了要用自己的尿在这里标明地盘的决心。

可以用下面这些方法清洁地毯或者衬垫。

1. 用报纸或者纸巾尽可能地吸取尿液。在干燥之前，吸取得越多，就越容易完全清除气味。在猫尿上方放几张纸巾，然后用折叠得很厚的报纸放在上面。站在这摞纸上面 1 分钟。把纸换掉，然后重复，直到毯子只有轻微湿迹。

2. 把那些潮湿的纸巾和报纸堆在猫砂盆边，让一直看着你忙碌的猫咪看到。让它知道你把这些纸放在猫砂盆里，并且盯着你那些积极的肢体语言，这些都在传递同一个信息："嘿，猫咪，看这儿！这才是整个屋子里，你应该排尿的地方。"要积极鼓励，而不是带有惩罚性的气急败坏的行为。

| 猫咪的真相 |
| --- |
| 猫咪在黑暗中的视力是人类的 6 倍。 |

3. 用干净的冷水浸泡被尿湿的地方，用干净、吸水性强的毛巾或者吸水机吸去水分。

4. 再用高质量的宠物异味清除剂。这种产品可以在宠物商店买到。我最喜欢的是简单方法（布兰登公司）和自然奇迹（宠物与人有限公司）。这两种产品都能破坏尿液中的蛋白质，并且永久消失。

　　醋＋水溶剂在清理瓷砖或者硬质表面上的尿液时很有作用。

5.如果发现这里是猫咪经常排便的地点，还要把毯子下面的垫料拿
　　出来，清理干净。

对于毯子和其他可以清洗的物品来说，你可以定期使用除臭剂，并增加450克经过烘烤的小苏打。如果有必要，就进行第二次清洗，这次清洗要使用活性酶清洗剂。

**Q：怎样才能把猫咪引诱回猫砂盆里排便呢？**

A：你可以从为它提供更多选择开始。试试另一种风格的猫砂盆，一个有盖子，一个没有盖子。尝试不同种类的猫砂，但是每次改变都要循序渐进，可以在5天的周期内用新猫砂一点一点地替换原有的猫砂。不要使用含有气味厚重的除臭剂或者香味的猫砂材料。

培养自己的耐心。这个过程可能需要1周，或者需要6周，因为你年轻的猫咪要重新习惯之前的排便规则。还要时刻记得你的猫咪这样做并不是因为它对你很生气，或者要对你收养了一只无时无刻不停嬉闹的狗狗而进行报复。它只是不想面对它认为无法接受的事情——这里，就是猫砂盆。

**Q：我的猫咪好像非常聪明，也很想学习。我怎样教它使用厕所呢？**

A：所以，你想对清理猫砂盆说再见了？

如果你有足够的耐心，你的梦想也许会实现，也祝贺你能够幸运地得到一只愿意学习的小猫。

如果想要教会猫咪使用厕所，以下几步非常关键。

1. 慢慢来。有些猫咪学得很快；有的则永远学不会。要耐心。

2. 卫生间没有人的时候，一定要把门开着。

3. 为全家人写出提醒贴：把盖子抬起来，垫圈放下来。

4. 开始的时候，可以把猫砂盆放在靠近马桶的地方。几天以后，猫咪就会习惯这个地方。

5. 把猫砂盆放在一个稳固的盒子上，这样就可以抬高 5～7.5 厘米。

6. 每隔几天，把猫砂盆再抬高一点，直到与马桶盖一样高。

7. 找一个盆。盆的位置要低于马桶口，这样猫咪就可以坐在盆里上厕所了。有些人会用隔水加热锅，注意要确保锅的把手会放在马桶盖和垫圈之间。用这种锅的好处是：在你需要使用马桶的时候，这样的锅很容易拿起来、移动。这样的锅也很容易清理。在盆或锅里放好猫咪经常使用的猫砂，然后将猫砂盆从卫生间里移出去。

8. 在它使用马桶上的锅或盆排便的时候，要鼓励、称赞猫咪。在这里要提醒大家的是，猫咪对这个新"猫砂盆"有一个逐渐适应和习惯的过程。因此，说话的语调要轻柔、和缓。

9. 注意猫咪脚的位置。它愿意放在马桶锅外沿的爪子越多，离成功就越近。

10. 当注意到猫咪掌握了上厕所的技巧之后，开始将马桶锅里的猫砂逐渐减少，直到锅里只有一半的猫砂。

11. 在马桶锅里加水，开始时可以加几勺，然后逐步增加。这样做可以帮助猫咪逐渐不怕水。


对于主人想要它们做的事情，猫猫似乎永远都毫不在意。

**——约瑟夫·伍德·克鲁奇**

12. 移开已经被你填得半满的马桶锅。现在可以让猫咪在没有任何
辅助工具的情况下使用马桶了。

13. 猫咪离开卫生间之后，再冲水。你肯定也不希望冲水的声音惊
吓到猫咪吧？

## 猫咪的快乐时光：浴室接待员

我是在兽医诊所旁边的垃圾站把猪排救下来的。它当时非常小，皮包骨头，还受到了惊吓。当它习惯在我家房子里溜达，在各种设施之间穿梭后，就乐此不疲了。一旦我走出浴缸，它就会冲过来蹭我还湿漉漉的腿。它还喜欢在我准备饭食的时候在我的两腿之间钻来钻去。

我得采取一些措施，不然我的腿在卫生间里就沾满了猫毛，还要防止它在厨房绊倒我，我会把一锅开水洒在它身上。

我的方法？我开始向它脸上吹气，然后说，"啊啊"，就像咬了一口酸柠檬。猫咪不喜欢脸上有风吹过。这需要几天时间，但是猪排明白了。现在，它等在卫生间外面，看着我在厨房忙碌，有意保持一段安全距离。

——索拉雅·胡安娜－迪亚兹，D.V.M.

南佛罗里达

THE
KITTEN
OWNER'S MANUAL

第 **6** 章

# 更明智的收养

或许你并不喜欢它们告诉你的，但是猫咪绝不会欺骗你。

——路易斯·卡罗尔

这个星球从来不缺少猫咪。实际上，收养新生猫咪的家庭数量还是太少。

如果你计划收养猫咪，记住：这是一个长着绒毛的婴儿，它需要你的关注、你的指导和你的爱。作为回报，它会成长为一只活泼可爱、充满爱心的伙伴，它会认为你也是猫咪。

## 选择适合你家的猫咪

选择太多，要做的决定也太多。哪种猫咪才适合你和你的家庭呢？要得出答案并不容易，为了帮助你缩小范围，我们来看看在你去动物收容所之前要考虑的事情，也可以请教一下专业的养猫人。

Q：什么样的猫咪才适合我们家呢？

A：在你做决定之前，要和家庭成员一起列一个清单，上面有你们想要和不想要猫咪的特征。有一条纪律：不将自己的想法强加于其他家庭成员是非常重要的。

- 我所住的地方可以养猫吗？
- 家里有没有人对猫过敏？
- 我喜欢长毛猫还是短毛猫呢？
- 我喜欢雄性猫还是雌性猫呢？
- 我喜欢懒猫还是一个活泼的猫？
- 我想要一只充满活力的猫咪还是更喜欢一只安静、岁数更大一些的猫咪？
- 家里很安静还是很喧闹？
- 我大部分时间在家还是出门在外？
- 我是不是愿意清洗猫砂盆、为猫咪清洗、为它进行定期检查、不离不弃？
- 我想要两只猫还是一只猫？

然后大家聚在一起讨论一下，一定要解决清单上所有的冲突问题。这份清单会帮助我们做出更明智的收养决定。

Q：我从哪里可以收养一只猫咪？当地的收容所、养猫人、邻居还是宠物用品商店？

A：买猫者要注意了！你是从何处得到这只猫咪的，将会对它的一生产生很大影响。你不能因为有个陌生人站在超市门口，给你一只免费的猫咪，看一眼那毛茸茸的小脸，你就匆忙收下它。

"免费给它一个舒适的家"——在准备买一只猫咪的时候，对这样的词语要当心。你觉得这太划算了，但实际上养一只猫咪是不会免费的。

当对面站着一个陌生人，递给你一只免费猫咪的时候，一定要抵制住这样的诱惑。因为有一种可能是它的妈妈从没有经过传染病检查，比如猫科白血病，这种病可能会遗传给猫咪。如果你把这样一只猫咪带回家，它可能会将这种无法治愈的病传给其他家庭成员，并且你必须付出极大的心血来照顾它。

我们来看看可供选择猫咪的安全来源。

- **当地动物收容所**。这是我收养猫咪的第一选择，因为那里有很多猫咪需要有一个温暖的家。越来越多的收容所开始着力于使大家对自己收容的猫咪有所了解，这样做可以增加你从它们的笼子边走过，被它们萌住之后带回家的机会。同样，这也增加了良性收养的数量。声誉良好的收容所会在猫咪被收养之前，为它们进行去势或者绝育手术，并请兽医进行详细的检查，进行必要的疫苗接种。如果收容所对你也进行详细的检查，请不要恼火。没错，收容所会给你的房东打电话对你进行了解，以确保猫咪的家庭环境良好。这样做可以很好地预防因为公寓不允许养宠物，主人不得不很快将猫咪退回给收容所的情况发生。收容所有时候还会拒绝出差太多，或者看上去没有准备好收养宠物的人。

| 猫咪的真相 |
| --- |
| 　新生猫咪几乎每天有一半的时间都在打盹，其中90%的时间在睡觉。6周大的时候，猫咪每天会花60%的时间打盹。 |

- **宠物用品商店**。和能够提供健康保证，又不涉足于猫咪繁殖生意的用品商店保持联系。越来越多的全国性宠物用品连锁商店，都

会在店里为当地的动物保护组织成员提供空间，并请兽医对救助的猫咪进行检查。我喜欢这样的理念。收容所可以很好地向人们展示他们救助的无家可归的宠物，而商店也可以对数量过多，需要进行安乐死的被救助的猫咪贡献出自己的一份力。

- **声誉良好的繁育者。** 如果你想要养一只有身份证明的纯种猫，那么我建议你联系经验丰富的繁育者，他们愿意回答你的各种问题，也欢迎你参观他们的住宅。或者，你可以从纯种宠物救助组织收养纯种猫。

Q：**怎样判断我收养的猫咪是健康的呢？**

A：兽医在对猫进行全面仔细的检查之后会出具最终的健康证明。但是在决定收养那只猫咪时，可以参照一些健康信号。

- 眼睛明亮清澈。
- 鼻子干净，没有鼻垢。
- 耳朵干净，没有耳垢和异味。
- 嘴的颜色是粉红的，牙齿干净，没有溃疡或者疱疹。
- 皮毛光滑、干净，没有跳蚤、皮屑、毛发黏结或者伤痕。
- 肛门周围没有干燥的污物或者脱色。
- 身体修长，腹部没有突起。

Q：**我怎样更多地了解猫的品种问题？**

A：上网浏览。我推荐你去著名的国际猫咪协会和爱猫者协会等网站。这两个网站对于每一个确定的品种都有大量的信息供网民浏览。网站还提供了其他优秀网站的链接。

Q: 在选择繁育者时，我应该问一些什么样的问题来确定对方声誉良好？

A: 寻找一个完美猫咪一定会花费大量的心血。而且还要进行甄别。毕竟，你购买的是一个有生命有感情的猫咪朋友，它至少会陪伴你 10 年的时间，也许更长。

简要记住下面这些问题，然后在和繁育者进行交谈的时候，向他提出你的问题。

- 如果猫咪已经做好被收养准备，它们应该多大被收养才合适呢？
  你要避开繁育者急于将不足 12 周的猫咪卖出去的热情。猫咪需要足够的时间锻炼自己的社交技巧，脱离母亲的怀抱，与其他兄弟姐妹接触以获得一些早期身体上和认知方面的重要知识。

- 这只猫咪的健康状况如何？
  好的繁育者会告诉你它的家世，包括遗传方面的问题，并提供接受疫苗注射和对猫咪进行的身体训练记录。

- 你为猫咪的社交技巧提供过什么帮助呢？优秀的繁育者会意识到触摸对于正在成长的猫咪所产生的力量。他们也会确保猫咪学会使用猫砂盆和抓柱。你还可以在附近看到很多玩具。你还应该看到小猫咪的妈妈，通过观察猫妈妈的脾气秉性来了解小猫。

- 这窝小猫是否注册了，能让我看看它们父母在猫展上的照片吗？
  通常参加猫展的繁育者都非常关注改良品种。所以，他们会对这窝小猫提供品种证明。

- 这些猫咪住在哪里？优秀的繁育者会在家里抚养小猫，而不是院子或其他地方的笼子里。

- 你如何保证猫咪生育良好？向自愿参加美国爱猫者协会调查项目，或者愿意给你提供照顾猫咪的兽医联系方式的繁育者了解猫咪的生产频率。优秀的繁育者不会让猫咪每年的产仔次数超过 1 次。

- 你能够提供书面的健康证明吗？负责任的繁育者会希望你带着中意的猫咪去找兽医进行体检，如果兽医发现什么问题，他会把定金退给你，并同意你退还猫咪。

## 请鉴别一下我的猫咪的血统

不喜欢惊喜？有兴趣带着猫咪参加令人兴奋的猫展？那么血统可能是你最佳的投资。如果选了一只纯种猫咪，你的生活可能就要配合猫咪进行改变了，而且准备好打开你的支票本。平均来说，血统优良的猫咪的价格是 400 美元——如果你想养一只达到参赛水平血统的猫咪，那么花费更高。两大猫咪注册机构之一美国爱猫者协会承认的品种大约有 40 种。为了能帮助你抉择，我在下面列出了几种最常见的品种，如表 6-1 所示。

表 6-1　最常见的 13 个猫品种

| 品种／体重（千克）* | 外观 | 性格 |
| --- | --- | --- |
| 阿比西尼亚猫 2.3 ~ 4.5 | 大耳朵；三角形脸；杏核形眼，毛色闪亮。颜色有红色、蓝色和浅黄褐色 | 非常聪明，是天生的运动健将；喜欢有规律的生活；需要你的关注，也会取悦于你，逗你开心 |

| 品种 / 体重（千克）* | 外观 | 性格 |
|---|---|---|
| 美国短尾猫 3.2 ~ 9 | 楔形头；高颧骨；杏核形眼；身体强壮，肌肉结实。棕色条纹遍布全身 | 喜欢泡泡；喜欢人；非常热衷探索新事物和一些小把戏 |
| 孟加拉猫 3.6 ~ 5.5 | 清瘦、肌肉发达；脸呈三角形；金色的眼睛；闪闪发光的毛发上有斑点，并且打旋 | 聪明；喜欢伏击；好奇心极强，非常有爱心、友善。和这个品种的猫交朋友，是个不错的选择 |
| 缅甸猫 3.2 ~ 5.5 | 壮硕，很无辜的眼神；紧凑、强健。颜色有黑色、香槟色、蓝色和银灰色 | 绝对是人类的开心果；经常被称为是披着猫皮的狗狗，因为它想成为你持久、忠诚的伙伴 |
| 克拉特猫 3.2 ~ 6 | 心形面庞；闪闪发光的绿眼睛。银蓝色短毛 | 超级喜欢和人依偎在一起；喜欢安静的家庭，而不是喧闹的一家子；和被孩子们穿上娃娃装相比，它更愿意和你一起做瑜伽 |
| 缅因猫 3.2 ~ 8.2 | 爪子和脚趾间有毛；体形健硕，具有雄性气魄。颜色有蓝色、红色、奶油色、斑点 | 非常容易收养、活泼可爱、忠诚、易于训练；在猫咪中算得上是个小巨人了 |
| 曼岛猫 2.7 ~ 5.5 | 无尾、毛厚；长毛短毛都有。有很多种颜色和图案 | 活泼可爱；容易成为我们的宠物，但是可以接受多个主人；通常情况下都很温柔、安静 |
| 波斯猫 2.7 ~ 5 | 短鼻，宽脸，头圆；腿短而粗壮有力；短尾。颜色有海豹色、巧克力色、蓝色、淡紫色；有多种图案 | 像图书管理员一样；喜欢安静的家庭，会趴在高高的地方，生活有规律，害羞却很可爱 |

| 品种/体重（千克）* | 外观 | 性格 |
|---|---|---|
| 布偶猫<br>2.7 ~ 5.5 | 毛半长，如丝般顺滑；尾巴紫红色、眼睛蓝色；身形壮硕、肌肉发达 | 绝对会霸占你的大腿和肩膀；更喜欢没有喧闹的孩子或者狗的安静家庭；如果有很多食物，那就更快乐了 |
| 俄罗斯蓝猫<br>3.6 ~ 5.5 | 琥珀绿的眼睛；长长的腿。蓝色短毛的尖端呈银色 | 猫中的舞者；姿态非常优雅、敏捷；对主人极度忠诚，却又能和家里的孩子、狗狗相处融洽 |
| 苏格兰折耳猫<br>3.2 ~ 4.5 | 耳朵向前弯曲；眼睛圆、大；短毛长毛都有。颜色、花纹多种多样 | 成熟稳重；迷人可爱；总给人一种甜美的印象。但因严重的基因遗传病而被很多国家禁止繁育 |
| 暹罗猫<br>2.3 ~ 3.6 | 脸呈三角形；腿瘦长；杏核形的蓝眼睛。主要颜色有海豹色、蓝色、巧克力色和淡紫色** | 非常热衷于社交活动；饶舌的家伙，需要主人关心；喜欢学一些小伎俩 |
| 加拿大无毛猫<br>2.3 ~ 3.6 | 无毛；大眼睛；脸型小巧，身体强健，胸部成筒形，腹部圆、厚 | 令人惊讶的活力十足；永远充满深情，特别是当你给它一条毯子的时候；非常聪明；因为容貌奇特，已经习惯于被别人盯着看了 |

\* 雄性猫要比雌性猫大。

\*\* 尖端毛色是在耳朵尖、脸边和脚上。

Q：血统优良的猫价格不菲，我只想在当地动物收容所收养一只猫咪，有没有什么简单点的方法能辨别混血猫的性格和脾气？

A：选择一只能够适应你的生活方式的猫咪并不是一件容易的事。

如果你不想要一只纯种的猫咪，怎么才能知道你选的猫咪是一个懒家伙、一只害羞的猫咪或者是个冒险家呢？

首先，仔细观察猫咪的脸型，可以大概了解一些它们的性格。猫咪的脸主要有三种形状：方形、圆形和三角形。这是由科罗拉多州丹佛市无言朋友联盟的行动主管凯蒂·詹金斯，在对动物收容所和评比会场上的猫咪进行了 20 年研究之后，得出的结论。

"狗狗的行为要比猫咪更容易判断。因为狗狗是人类出于某种特定工作目的而培养的品种，例如放牧和打猎，"詹金斯说道，"猫则没有为了某种工作目的而培育出来的品种。但我发现可以通过它们的脸型和体型在某种程度上对它们的性格进行判断。"

没错，基因和生活经历会对猫咪的思维和行动产生很大的影响，但是性格还是会受到猫咪外在的影响。

下面就是詹金斯对猫咪进行评判的根据。

- **方脸猫**：这种猫体型可能会较大，而且脸型、体型和腿都很粗壮。看看缅因猫或者条纹猫。詹金斯将它们称为"猫界的巡回猎犬"。渴望游戏，方脸猫非常可爱，而且喜欢被主人拥抱和抓挠下巴。
- **圆脸猫**：这种猫有平平的脸、大大的眼睛，还有圆形的头和身体，比如波斯猫。它们不太有活力，容易受惊，喜欢顺从，会向它们信任的家庭成员温柔地表达自己的爱。
- **三角形脸猫**：这种猫妆容整洁、腿细长，耳朵非常大，鼻子很窄。詹金斯管这种猫叫做"猫界的牧羊犬"，比如暹罗猫和阿比西尼亚猫。三角形脸猫总是忙忙碌碌、好奇、聪明、运动神经非常发达，而且非常聒噪。它们在喧闹的家庭里会茁壮成长。

来自加利福尼亚圣莫妮卡的兽医，罗杰·瓦伦汀致力于对猫的研究，他说这种"猫咪几何学"无法证明其科学性，但不失为"有趣的概念"。他说，这种理论可以帮助我们建立与猫咪之间的相处模式。

"我后来才意识到我家里每种脸型的猫都有，"瓦伦汀博士说道，"斯库特是一只圆脸猫，它很害怕陌生人。霍奇是一只方脸猫，是个像狗狗一样对所有人都很友好的'话痨'，而斯派德有一部分暹罗猫血统，非常聒噪，也非常有运动天分。"

"对我来说，只有在运用了'猫咪几何学'之后，才发现每种性格的猫，我都养了一只：一只圆形的，一只方形的，一只三角形的。"

### 猫咪的真相

对猫咪过敏？罪魁祸首是猫咪的皮屑，而不是它们的毛。皮肤上产生的皮屑会在空气中飞舞，从而导致了你的过敏。如果你认为收养加拿大无毛猫这样的品种就能缓解过敏症状的话，那么我敢肯定你依然会再打喷嚏的。

Q：我想给我的猫咪找个伴儿。有没有什么建议？

A：它们是不喜欢将需求写在脸上的，但大多数猫咪还是非常乐于社交的，它们希望能够有一个长期的伙伴。让成年猫有一个毛茸茸的玩伴，可以缓解你不在家时它那无聊和焦虑的心情。

理想情况下，如果有可能，你应该尽量为它找性格互补的朋友。如果你的猫咪非常外向、大胆，就找一只看上去脾气随和，而且愿意"有福同享，有难同当"的猫咪。

但同时也要面对现实。多数新来的猫咪起初都不会受到土著猫咪友好的对待。它们需要时间来磨合和相互熟悉以确定谁才是这个屋檐下的老大。

Q：我听说有时候猫咪会收养它们的主人。是真的吗？

A：我养的每一只猫咪都"收养"了我。在我们发现彼此之前，它们都是无家可归的流浪猫。有个小家伙曾经在我位于佛罗里达州南部家的门前要吃的。我给它喂了食；它冲我眨了眨迷人的眼睛，然后发出了一声悠长而又舒心的叫声。卡利在 3 周大的时候就和兄弟姐妹们分开了。当我发现它的时候，它正在迈阿密州际高速公路上躲避着来来往往的车辆。墨菲则好像是凭空从我位于佛罗里达州南部家旁边的树丛里蹦出来的。每天下午，当我带着它出去散步的时候，它就像只小狗狗一样跟在我的后面。

把每一只猫咪带回家之前，我会先带它们去看兽医。兽医会为猫咪进行全面的身体检查以确保它们的身体状况良好。

---

**猫咪的真相**

1895 年 5 月，美国纽约的麦迪逊广场公园，第一次出现了猫的身影。

---

## 安全项圈

当你选定了属于你的猫咪后，最重要的事情就是要给它一个适当的身份。

Q：我想把猫咪养在家里，还需要给它准备项圈和身份牌吗？

A：身份牌是猫咪走丢之后回家的证明。哪怕你为自己在室内抚养猫咪而暗自庆幸，还是要未雨绸缪。你还是得努力防患于未然，因为你不可能总为被来访的朋友打开的后门、落下的窗纱或者当你去看兽医、刚刚从车里走出来的时候，受惊的猫咪从你怀里逃走做好准备。

当知道你无微不至抚养的猫咪，在外流浪时遭受孤独、害怕、困惑和饥饿时，你一定会非常难过。根据美国人道主义协会最近的统计，从街上收容到救护站，成功找到主人的猫咪比例不超过2%。而主要原因就是：多数猫咪都没有戴标牌。

这就是为什么要给猫咪一直戴着有身份牌的项圈的重要原因（除了梳理和洗澡时间除外）。要确保猫咪能够舒适地佩戴项圈，不太紧也不太松。如果你能够将一两个手指轻松地伸到项圈里，那就是合适的。记住，猫咪是不断长大的，所以要定期检查项圈是否合适，是否需要调整项圈的尺寸。

### 安全项圈

除了项圈的尺寸要适合猫咪的身材之外，类型也要有所考虑。能够防止抓挠、逃脱的项圈和安全项圈是最好的选择。假如淘气的猫咪到处探险的时候项圈被卡住了，就有窒息的可能，这时就需要项圈能自动打开，猫咪才可能逃脱，这种项圈可以降低窒息的危险。

### 猫咪最喜欢的名字

没想好给猫咪取什么名字？下面是排在前10位的宠物名字。这个排行是由美国防止虐待动物协会根据对上千宠物主人进行调查后

整理的：1. 马克斯 2. 萨姆 3. 女士 4. 小熊 5. 斯摩奇 6. 影子 7. 凯蒂 8. 茉莉 9. 巴蒂 10. 布兰迪。

- - - - - - - - - - - - - - - - - - - - - - - - - - - - - - - - - - - - - - - - -

**Q：我在哪里可以买到身份牌？**

A：现在，得到一个身份牌就像买猫粮那么容易。因为很多宠物用品商店都有自助式 ID 标牌制作机器。这种机器操作简单，只需你把颜色、尺寸和形状等相关信息输入机器。这样的话，就算你的猫咪碰巧把项圈弄掉了，也会有人有办法找到你。兽医诊所和宠物收容所也会提供各种 ID 标牌制作。

## 熟悉新家

下面，进入关键时刻了：你得准备把新来的猫咪介绍给家里其他成员了。

**Q：应该怎样让猫咪熟悉这个新家呢？**

A：你可以设想一下：一个小家伙，都没有一个垒球大，也没有一个饮料罐高，突然发现自己在一个好大好大的地方，面对好大好大的人。你当然会觉得自己的家是温馨舒适的，但是对于一只小猫咪来说，你的家可能大得吓人——就像是一块大陆那么大。从猫咪的角度来讲，这里有太多的门、太多的脚、太多的角落、太多的东西。

总之，信息量超载了。

还记得那部电影《亲爱的，我把孩子们变小了？》，所以，别忘了要暂时缩小猫咪的居住范围。第一天，把猫咪限制在一个房间里，最好是浴室或者一个小房间——这个小房间不要有太多让它躲藏的地点。一定要准备好玩具、床、猫砂盆、水、食物和抓柱。

当你在房间里的时候，可以让好奇的猫咪对新环境进行探索。你说话的语调要坚定、平和。猫咪经常进行被我们称为"边界巡逻"的活动，这是一种沿着墙进行的低调的逡巡。当它们获得少许信心时，就会探索房间的内部。猫咪可能还会在墙上、家具上摩擦自己的面颊。这是个好消息——猫咪在留下自己的气味标记。

一两天内，猫咪就会将这个房间当作自己的地盘了，并将其视为"安全区"，只要它觉得有一点心神不安、不确定或者只是想独自待一会、不受干扰地打个盹等，就会跑到这个地方。

然后，逐步让猫咪熟悉家里的其他房间。但是要记得一定关好门，并且将狭窄地方的缝隙都堵好，这样猫咪就不会突发奇想要钻进去，运气不好的话会被卡住。

Q：怎样让猫咪熟悉一个有孩子的家庭呢？

A：小孩子，特别是不到 7 岁的孩子，也许不明白怎样对待猫咪，还可能会在不经意间伤害它。这个年纪的孩子，肢体协调能力还不够强，可能会在抓猫咪尾巴或者耳朵的时候用力过猛，给猫咪造成伤害。

成功有赖于监督猫咪与孩子之间的互动，并且要在猫咪来家里之前就制定好基本的纪律。

教会孩子该怎样，不该怎样。

● 要轻柔地、缓慢地抚摸猫咪。

● 不要拉拽猫咪的耳朵和尾巴。

● 不要打、踢或者向猫咪扔东西。

- 不要在猫咪吃东西、睡觉或者"便便"的时候打搅它。
- 在抚摸猫咪之后要洗手。

父母监督小孩子和猫咪之间的互动，还有很多应该和不应该的注意事项。

- 要教会孩子尊重猫咪——以及所有动物。帮助孩子理解有动物陪伴的好处。
- 向孩子示范如何抚摸猫咪的毛。
- 当孩子做了一些对猫咪有益的事情时，要及时表扬他们。
- 要经常给猫咪剪指甲，这样你就不用总是往医生办公室跑了。
- 鼓励孩子参与护理猫咪的事情，比如喂食、清理猫砂盆。

Q：怎样才是将猫咪介绍给土著猫咪的最好方法呢？

A：不要将猫咪直接带到土著猫的跟前。实际上，需要先将猫咪偷偷带进家里，来进行一点暗箱操作。

合适的介绍对于它们一生的友谊非常关键。墨菲是最后来我家的。当我在加州南部家的附近大街上发现它的时候，它大约有 6 个月大，但很快它就成了家里的土著——小家伙和卡利的好朋友。当时因为我要从动物行为学家的朋友们那里得到详细的指导、建议，所以，在让它们见面之前，我等了 3 天。

- 贿赂你的猫咪。在新猫咪到来之前给土著买一个新的抓柱。好了，这就是一份贿赂，因为你的猫咪会把这个奖励和某种即将出现的改变联系到一起。
- 耐心。选一个大卫生间或者一个空闲的房间来放新来的宠物。把猫咪的必需品都放在房间里：食碗、水碗，床、猫砂盆和玩具，然后关上门，这样猫咪就不会到处窥探了。

- **行动要秘密.** 要静悄悄、小心谨慎地把新宠物带进来。尽量不要让土著猫看到你带着它进来，以避免猫咪的抵触心理。但不用在周围蹑手蹑脚地走动。直接走到新宠物的房间，把它放在里面，然后关上门即可。

- **鼓励猫咪尝试嗅闻.** 终于，土著猫开始觉察出有些不一样的事情发生了。然后它会去那个房间的门口。这时，你可以开一个小小的门缝，让它们彼此嗅闻。这会帮助它们以自己的方式认识彼此。

- **分享气味.** 大约1天后，用一条微湿的毛巾，擦擦新来猫咪的后背。然后用这条毛巾再擦擦土著猫的后背。换一条毛巾，弄湿，颠倒一下顺序，先在土著猫咪背上擦擦，然后在新猫咪背上擦擦。将它们的气味混合，以增强它们的熟悉度。

- **不要有偏爱.** 和它们一对一玩耍的时间要相同。要充分称赞、拥抱和喂食。让每一只猫都觉得自己很特别。

- **交换房间.** 两三天后，交换地方。把土著猫咪关在新猫咪的隔离房间里，让它待上几个小时，让新来的猫咪去了解房子里其他房间的情况。这样可以有效阻止它们为地盘而发生的打斗。

- **进行介绍.** 最后，隆重地为它们进行介绍。让土著猫能够自由地接近被你放在一辆推车里或者拴住的新猫咪。让它们有足够的时间能够接近彼此、嗅闻彼此。其中一个会发出哈哈声——这是土著猫在宣称："嘿，这儿我是老大。"

- **鼓励互动.** 慢慢增加它们见面的时间。给它们喂食，但要让土著猫先吃。

当你充满信心认为两只猫咪可以相处时，就让它们单独在一起吧。

Q：有什么好办法把猫咪介绍给狗狗吗？

A：你既要像狗狗一样思考——又要像猫咪一样思考。理解是什么让它们相互不对付。同样，就像对待孩子一样，你要为家里的宠物建立持久的规矩。

群居动物——狗狗会把你当作头领，它们从你这里得到指导、方向和认可。而猫咪则地盘意识很强。如果它们觉得自己的地盘受到了侵犯或者受到狗狗的威胁，会非常焦虑，并产生防卫心理。

在进行介绍之前，要把猫咪的食碗、水碗和猫砂盆放在较高的地方，或者是狗狗无法碰到的地方。为猫咪提供安全的栖息之所和空间，不被狗狗骚扰。

当你把猫咪带回家的时候，先让它在一个单独的房间待几天，不要让它见到狗狗，但是要让它们彼此闻到对方的气味。然后交换房间，这样它们就可以了解彼此的气味。

第一次面对面接触时，要把狗狗拴起来或者让狗狗待在窝里。如果猫咪逃到了房间里，不要追。因为狗狗会误解你的行为，将其作为一种支持的信号，甚至它也会加入追逐。如果狗狗开始跃起，要抓住它的链子，说"别动！"——但要确保在你将它介绍给猫咪之前，狗狗会服从你发出的指令。

如果可以，尝试在同一个房间里进行喂食。如果狗狗和猫咪同时进食，它们之间就形成了一种良好的联系。不过猫咪的食物一定要放在猫咪觉得安全的高处，这样它才可以不受狗狗打扰地进食。

## 多种宠物也能和平相处

即使家里有多种宠物，也是有可能和平共处的。但很多时候，你必须以调停者的形象出现。我们看看如何减少新来猫咪、狗狗和土著猫咪之间发生冲突。

Q：怎样才能避免土著猫咪和新来猫咪之间的对立和打架？

A：确保猫咪有自己的食物、食碗和水碗。还有，尽管新猫咪很可爱，你也必须多抽出些时间陪土著猫咪。土著猫咪需要感受到自己的地位更高。

喂食的时候，要确保土著猫咪第一，新来猫咪第二。和它们玩耍的时候也要遵守这个顺序。以这种微妙的做法，来向猫咪证明：这个顺序，可以提高家庭和猫咪的生活质量。

当然，你希望双方和平共处，以及彼此相互包容。这样期盼没问题。但是，似乎太苛责了，猫咪和猫咪之间的确很有可能黏在一起，一起玩耍、相互梳理毛发，睡觉的地方也距离彼此很近。但如果你总是事无巨细地干涉，强迫它们在一起，那它们黏在一起的可能性就会越来越小。

Q：为什么狗狗总是追猫咪？

A：狗是狼的后裔，天性就喜欢追逐任何快速移动的东西——比如精力充沛的猫咪。

这种追逐、捕捉和杀戮的渴望，因为狗狗的个性和品种的不同而略有差别。偶尔会有例外，但是基本上，比如比格犬、灰狗和泰瑞狗都是被用来训练追踪行动迅速的猎物。非常暴力的爱尔兰长毛猎犬则有"软嘴"捕猎者的称号，它们会为猎人检视被猎杀的猎物，但不会留下任何牙印。

在农场和牧场，喜乐蒂、牧羊犬和其他放牧用狗狗是用来保护羊群和牛群的。当周围没有羊群或者牛群时，这些狗狗就会尝试沿着特定的路线把猫咪聚在一起。牛头獒是一种领地意识非常强的狗，所以它们通常会在超出自己的领地界限时，停下来不再追逐猫咪。追逐猫咪意识最弱的是那些玩具犬种，例如吉娃娃和博美。它们更愿意趴在你腿上这样安全的地方而不是用追逐猫咪的游戏来挥洒自己的能量。

狗狗追逐猫咪更多的原因是它们想和猫咪认识，彼此交个朋友。但是狗和猫的语言不通。狗无法把向猫不断靠近的善意告诉给它：我想和你玩。所以，犬科动物的"我们一起玩吧"的信号可能就会被猫咪误读成"你是猎物"。

由于理解不同，善意的行为还有可能演变成更加糟糕的情况。当猫咪知道自己是狗狗目光的焦点时，猫咪会本能地想："我得逃了，赶快。"然后就会为了安全而溜走。狗狗会感觉到猫咪的恐惧，这种恐惧激发了它捕猎的热情，然后就开始了追逐。

Q：那怎样让狗狗停止追逐猫咪呢？

A：转移狗狗追逐猫咪的兴趣需要以智取胜。但是在你教会狗狗不要追逐猫咪之前，需要确保它遵守基本的指令，例如"坐"、"停止"和"放下"。每天，都要用这些指令对戴着链子和不戴链子的狗狗进行训练。每当狗狗服从了指令，及时表扬它，也可以给它一些食物作为奖励。

然后观察它开始追逐之前发出的信号。狗狗不会掩饰自己对于追逐猫咪的渴望，而你要做的就是在追逐开始之前阻止它。注意这些最明显的信号：狗狗瞪着猫咪时，眼神冷峻。而且，当狗狗准备追逐时，会向前弓起身体，脊柱附近的毛发也会竖起来。

　　如果狗狗已经开始追逐，叫它的名字，然后发出"放下"的命令。语调要坚定、低沉和平静。不要大喊、尖叫或者使用高频呼叫，这样做只会让局面变得更加混乱不堪。

　　在你"放下"的命令发出后，还要配合一些声音让狗狗把盯着猫咪的眼神集中到你的身上。拍手、把书猛地合上或者摇晃一个装着几枚硬币的罐子。

　　一旦狗狗和你有了目光交流，就把它的注意力转移到追逐它最喜欢的玩具上，记住要把玩具朝着猫咪逃跑的反方向扔出去。平时多花一些时间和狗狗玩耍，这样它就可以在追逐玩具的过程中消耗自己的能量并且得到表扬。

Q：我怎样判断狗狗和猫咪之间是在玩还是在你死我活的博斗呢？

A：有些猫咪喜欢玩欲擒故纵的游戏。它们喜欢给玩闹的追逐增加一些趣味——但不是咆哮和发出"哈哈"声。猫咪如果玩闹的话，会用爪子击打狗狗的头，但会把指甲小心地收好，以示想进行一次友好的追逐。这是猫咪在对狗狗说："来追我。"猫咪的姿势应该是放松的。狗狗作为回应，会把前爪伸出来，把头伸到猫咪下巴下面。它的尾巴会摆来摆去，耳朵很放松。在追逐过程中，猫咪安静地跑动，不会发出咆哮声或者"哈哈"的声音。

　　猫咪高兴的时候玩耍很安静，而满心惊恐或者已经忍受到极限的猫咪会吼叫、发出"哈哈"声或者喷唾沫。你留意一下就会发现，满心想着玩的狗狗

发出的是尖锐的吠叫，而追捕猎物的狗发出的是低声的吼叫。

　　当你听到"哈哈"声或者低声吼叫时，就要进行干预，坚定地说"停"。然后游戏时间就可以结束了。适时地阻止还有一个好处：如果猫咪真的想和狗狗玩，它会继续的。而那时候，猫咪会妥协，愿意和狗狗分享游戏时间，但是会以猫咪游戏的方式。而狗狗，也会学着尊重猫咪的意愿。

## 猫咪的快乐时光：麦基——职业验狗员

加利福尼亚帕萨迪纳地区的人在带狗狗回家之前，都会向一只名叫麦基的出色猫咪征求意见。麦基是一只有灰色条纹的猫，它终生的事业——官方验狗员——而且它在帕萨迪纳人道主义协会任职期间的表现堪称完美。在9年多的时间里，它都充当着家养猫的保护者角色，勇敢地面对收容所中将要被收养的狗狗，对它们进行测试。通过麦基测试的狗狗——也就是说，不会吼叫、不会冲向猫咪，也不会欺负猫咪的——才能够被收养。

当养猫的家庭想要收养狗狗时，这只狗狗会在动物收容所志愿者中心的办公室里被介绍给麦基，它们要做到避免与麦基进行直接目光接触、弓腰后退，或者尽量躲在牵绳的人腿后。

虽然麦基身材娇小，但是狗狗的身材对它来说却不是问题。它曾经尝试跳到达克斯猎狗的头上，即使面对攻击性超强的狗狗，也绝不后退一步。

可惜，麦基的天赋只适用于狗。对于猫咪，它可没有耐心。"麦基在我们收容所里，对其他的猫咪又吼、又发出'哈哈'的声音、还喷唾沫，"利兹·巴伦诺夫斯基说道，"它可不是猫咪的好朋友。"

——利兹·巴伦诺夫斯基，人道主义教育指导

帕萨迪纳，加利福尼亚

THE
KITTEN
OWNER'S MANUAL

第 **7** 章

# 猫咪和我一起旅行

我们生活在一个科技发达的社会。在猫咪的一生中，肯定会有乘坐汽车，甚至搭乘飞机的时候：它可能会随你迁到一个新的住址。在你搬家或者带它去看兽医时，要用一种平静、柔和的语调说话，否则猫咪会察觉到即将到来的冒险而恐惧不已。同时猫咪出门的时候你一定要给它戴上项圈，以防止走失。

## 乘汽车出行

你当然希望猫咪与你一起乘车出行时能够发出呼噜呼噜的声音，但它可不觉得舒服。发动机的声音、快速的移动和封闭的空间会让猫咪在乘车期间很不爽。那让我们来看看有没有帮助猫咪适应乘车出行的方法。

Q：我想收养一只猫咪，但需要开车带它回家。如果有个人坐在后座抱着它，可以吗？

A：就算是非常年幼的猫咪，受到惊吓时，也会爆发出惊人的能量。为了保护乘客和第一次乘坐汽车的猫咪，最好把它放在一个航空箱里，然后放到后座上。乘客坐在后座，并在汽车行进的过程中扶住航空箱。

Q：我的猫咪从来没在车厢里待过。怎样才能让它乘车出行呢？

A：开车的时候，绝对不要把猫咪放在你的腿上。如果出现紧急刹车，猫咪会成为毛茸茸的抛射物，冲向车厢顶部的。最好在车里为猫咪放一个航空箱，箱底铺上柔软的毛巾，箱子可以用安全带固定，这个稳定舒适的航空箱会为猫咪提供一个很快放松下来的小憩场所。

在家里的时候，就应该让猫咪熟悉这个航空箱。你可以在箱子里放一些食物或者它最喜欢的玩具老鼠，引诱它走进箱子探索一番。同时把这个箱子装饰得像个小型的猫咪公寓，里面有舒服的毯子或者一些你穿过的没有清洗的 T 恤或衬衫。

当猫咪把箱子当成食物和玩具的仓库后，就可以把猫咪放进箱子里，然后把箱子放进停在封闭车库里的车子上。花 5 分钟时间，让猫咪适应一下。还有，如果在夏天进行练习，记得要开空调；如果在冬天进行练习，别忘了开暖气。切记，不要把猫咪单独扔在车里。当你坐在车里时，要用平静、安详的语调和猫咪聊天，同时带一些美味的食物或者它最喜欢的玩具。在正式出发前，用以上方法让猫咪多熟悉几次。

如果你没有封闭车库，那么把猫咪用链子拴好——或者如果有条件，

可以用航空箱——把它装在箱子里，放到停好的车里。当它安全进入车里，并确保把所有的车门和车窗都关好后，把发动机关闭，然后把猫咪放出来，让它对车厢的情况有所了解。

现在你准备好进行短途旅行了，比如两三公里的样子。把航空箱放在后座，用安全带系好，然后就可以上路了。当你回到家时，停好车，把箱子从车里拿出来，给猫咪一点零食。这样的话，它想："嗯，还不错。当发动机关闭的时候，我就可以得到一些好吃的。我们继续吧。"

你现在要做的是帮助猫咪愉快地适应乘车，而不是那种每年一次去看兽医的惊恐之旅。猫咪是很小，但是它们的悟性很高。还有，它们喜欢新奇的食物。如果10次坐车，9次都能得到好的照顾和好吃的，那么它们也能忍受你偶尔带它们去拜访兽医。

Q：如果出远门，我应该为猫咪准备些什么呢？

A：如果开车出远门，要用旧鞋盒做一个小猫砂盆。这个盆要能正好放进航空箱。带几件猫咪最喜欢的玩具；两套被子（因为猫咪可能会尿床或者因为晕车而出现呕吐的情况）；用防水的容器盛放干燥的食物；用可以反复密封的塑料容器盛放饮用水；还要准备一个不会溢出的小水碗。别忘了装上猫咪的急救箱。

为了防止猫咪因为体温过高而出现脱水现象，要在手边准备一个喷壶。在漫长、炎热的旅途中，可以用喷壶在猫脸和爪子上喷水给它降温。白天的时候可以开空调，或者尽量在稍微凉爽的晚上上路。

绝不能把猫咪放在停着的车里，哪怕只有几分钟的时间，尤其不能在炎热的天气下这样做。车内的温度会很快升高，就像一个火炉，达到40℃甚至更高。

而且，猫咪在开始长途旅行之前，要做好各种疫苗的接种工作，例如每年一次的除蚤和蜱虫药物，你一定不想在旅行的时候浑身瘙痒，到处抓挠吧。

---

### 幸运儿

如果你的猫咪喜欢和你乘车出行，那么你就属于运气极好的少数幸运儿。根据美国旅游工业协会的统计，只有 7% 的人定期开车带着猫咪去上班、度假和探亲访友。

---

## 度假

如果你有机会离开办公室出去放松一下。当然，你渴望放松、找点乐趣。那么，你的猫咪是愿意跟你一起去还是愿意独自待在家里呢？在度假之前，你要仔细考虑这个问题。

Q：去度假的时候，我应该带上猫咪吗？

A：在开始幻想你和猫咪趴在加勒比旅游胜地的泳池边晒太阳之前，要想想它会有多享受这次旅行。多数猫咪喜欢按部就班的生活，它们都相当宅。

有些猫咪在旅途中遇到陌生的影像、声音和气味时，还会出现呕吐、喘息、流口水和腹泻等症状。

你还需要与入住的酒店进行联系以确保宠物也可以入住。当然，溜进去很容易，但是为什么要冒这种风险呢？你可以咨询旅行服务机构，找一个不排斥宠物的酒店。

| 猫咪的真相 |
| --- |
| 　　在一次全国范围内进行的调查中，有60%的主人表示会带着自己的宠物去度假。还有23%的主人会带着自己的猫咪去学校或者保健机构。 |

Q：这个夏天我们计划度假两周，我怎么才能找到一个照顾猫咪的人呢？

A：猫的独立性比狗强很多，但是如果你计划离开家超过了两天，那么就应该请一位值得信赖的邻居或者专业的宠物看护人来照顾猫咪。

如果你刚搬到这个镇里，或者不知道怎样找专业、有认证的宠物护理员，你可以尝试和全国专业宠物护理员协会联系。

### 身份证照

别不承认——你喜欢给猫咪拍照。我有满满一抽屉的各种猫咪睡觉、玩耍和趴在别人肩头看我的超萌照片。给猫咪准备一张近期的照片吧，用磁铁贴在冰箱的门上。这样，如果你的猫咪丢了，你可以立刻拿起这张照片，请邻居们辨认。

你还可以咨询兽医或者养宠物的朋友们，请他们推荐比较靠谱的宠物看护人。

为了安心，要确保让宠物看护人向你提供担保、确认的证明，而且要有经验。

在准备出门去度假的前几天，就应该安排宠物看护人来你家拜访你和猫咪。

Q：我应该给宠物看护人提供哪些信息呢？

A：一个专业的宠物看护人应该是你那独自在家的猫咪的最好朋友。他可以保证猫咪进食良好，并得到足够的关注。

下面是你和宠物看护人面对面交谈时应该提供的基本清单。

- 猫咪的名字和它最喜欢的昵称。当我叫我的小家伙"伙计"的时候，它会应答。如果新来的宠物看护人也这么称呼，会让猫咪觉得这个陌生人还不错。

- 向宠物看护人透露猫咪的古怪习惯。我的花猫卡利，喜欢咬纸板箱。墨菲喜欢在我吹奏《危险》这首歌时出现。有些猫咪会在门铃响起的时候冲到床底下去；其他的则会一股脑地跑到门口去欢迎客人。

- 告诉宠物看护人喂食猫咪的量、种类以及时间。为了确保你不在家时，猫咪可以正常吃饭，建议宠物看护人对每天的每顿饭事先进行称量。

- 留下联系方式。向宠物看护人提供你的兽医、一位亲戚或者朋友的联系方式，以备出现紧急情况，而又联系不上你。

- 把特殊的项目再重复一下。向宠物看护人提出清理猫砂盆和处理猫砂的注意事项。

- 介绍给邻居。把宠物看护人介绍给几个邻居，这样他们就不会在宠物看护人进入你家的时候报警了。

- 列一个清单。将所有这些信息都列出来，贴在冰箱门上。这样一来，看护人很容易就能看到。

很多宠物看护人也会为你拿回报纸和信件，并且帮你给花园浇水。有些实际上是家政服务——当你不在家的时候，他们住进你家，这样，

渴望被关注的猫咪就有了一个可以被它俘虏的观众了。

**Q: 除了宠物看护人，我还有没有其他的选择？**

**A:** 可信任的朋友、邻居和亲戚可以临时承担照顾猫咪的任务。关键是信任。你希望的是一个可以依赖的人能够当你不在家时每天过来照顾猫咪。

或者，你可以把猫咪送到兽医诊所或者狗狗寄养所。这样的选择对于随和、调节能力强的猫咪来说最好了。它们比那些脆弱的猫咪更容易应对新环境。

要选择那些把猫狗分开照顾，而且绝不会把不熟悉的猫猫放在同一个笼子里的寄养所。还有更好的，当你不在家时，为猫咪提供精心护理的"豪华"服务也已经出现。

## 带着猫咪搬家

在过去的 5 年中，我的猫咪们跟着我搬了 5 次家。我们曾经在佛罗里达、宾夕法尼亚和加利福尼亚都住过。从杂草丛生的滨水区住房到狭窄的、窗户只有一个朝向的临时公寓。但是每次，不超过一天的时间，我的猫咪们就会在新地方开心地玩耍，并且发出呼噜声，宣称这里是它们的新领地。

我的秘诀？在搬家之前、之中和之后都要和猫咪聊即将开始的搬家。听起来有点奇怪，我在搬家之前就开始和猫咪们说将会发生什么。是的，会有陌生人进进出出，搬着家具和各种杂物。我努力传递一种兴奋和探险的情绪。此外，从我聘请的很多房地产经纪人那里取经，找出新地方的 N 多好处。没错，有很多窗台可以让猫咪趴在上面看鸟；没错，这幢房子有楼梯，你们可以进行夜间锻炼；没错，这幢房子真的有封闭的、通透的走廊。

在你的语调中要透着一种有趣和探险的情绪，这对顺利搬迁会有所帮助。猫咪们经历了没有压力的搬家，成年之后，如果你还需要搬家，猫咪就可以适应"到那里、做那件事"的玩过很多次的游戏。

Q：我的猫咪似乎因为这些移动的箱子而有些神经过敏。我怎样才能让它安静下来？

A：用安抚的口吻和它说话，为它进行特别的按摩以帮助它放松。

很多从全局思考问题的兽医还会建议在搬家前两周可以加入几滴急救药（巴赫花精有限公司，牛津郡，英格兰）——这种药可以在宠物商店和药店买到——到猫咪的水碗里。这种顺势疗法的药含有各种花精油，能够很自然地帮助猫咪消除压力、找到平静的感觉。（这种药价格便宜，在多数售卖健康食品的商店和几乎所有药店都能买到。）同时，还可以考虑在你喝水的杯子里也加几滴这样的药，因为猫咪在解读你的情绪方面能力惊人。你平静了，也会帮助猫咪平静下来。试试吧。

Q：我们不会搬到很远的地方。有什么办法先让猫咪熟悉一下新的地方？

A：找一块毛巾，在新房子的墙上、地板和新房子的家具上摩擦一番，然后在猫咪的后背上摩擦一番，就可以缓解猫咪的焦虑。当猫咪走进新的地方后，它会立刻发现自己的气味，甚至会有一种似曾相识的感觉——在新环境里就会自在很多。

Q: 搬家那天，我应该对猫咪做些什么呢？

A: 在搬家的日子到来时，把猫咪关在一个空房间里（大的浴室或者空出来的房间，视情况而定）。在一张彩色纸上写着"内有猫咪，请勿开门"，然后贴在门上。这样可以阻止过于热切的搬家工人闯进去，让那些受惊的猫咪跑得无影无踪。

在这间安全房内准备好下列物品：

- 一台便携式收音机，调到流行摇滚台，这样做可以掩盖外面搬家的声音；

- 一些猫咪最喜欢的玩具——比如填有猫薄荷的老鼠和一个纸棒；

- 一个抓柱；

- 食碗和水碗，以及一些零食；

- 几件你穿过的、留有你气味的 T 恤——这是猫咪们需要的安全毯；

- 猫砂盆；

- 宠物航空箱要放在角落。

猫咪应该是在你离开之前最后被打包的项目，也是到达目的地之后，最先卸下来的。在第一个箱子从卡车上拿下来之前，要用微湿的毛巾擦擦猫咪，然后在空房间的墙上擦擦。新家里也要准备一间安全房。目的在于将这里复制成搬家那天的安全房间。在新地方准备相似的样子、声音和气味，这样可以帮助猫咪更快地适应这里。在最后的箱子开包之前，我先让猫咪们了解房子的其他房间，间隔几个小时，每次一个房间。从可以关门的房间开始，让它们按照自己的节奏进行探索。这种逐步的熟悉能让它们建立信心和满足感。

Q：我很快就要搬家了，但是猫咪就是不愿意戴上项圈的标牌——我不想把它弄丢了。我该怎么办？

A：聪明的办法是预约兽医，在猫咪的耳朵上做一个纹身，或者通过外科手术在皮下植入一个微芯片。

但你的猫咪进行纹身手术时至少要 6 个月大。这种独特的文字数字式的代码可以嵌入猫咪的耳朵，那里的毛不会使纹身变得模糊不清。所有的纹身代码都会免费记录在册。

微芯片的尺寸大约只有一粒米大小，含有一系列数字和字母的结合。芯片植入猫咪的皮下，通常都是在两块肩胛骨之间。别担心——芯片不会深入到肌肉中，而且做成芯片的材料即使是最敏感的猫咪也不会产生刺激。

幸运的是，越来越多的动物收容所开始配备特别的探测棒，这样就可以对没有佩戴项圈和标牌的获救猫咪进行身份辨识。然后，猫咪的主人们可以登录国家计算机数据信息中心，对有微芯片的猫咪进行查询。

---

### 及时变更信息

将这条加入搬家时的检查清单里：搬家之前要更新猫咪的 ID 标牌。拿到新家的新电话号码之后，要把号码增加到猫咪的标牌上，只有到达目的地之后，才能将旧标牌销毁。如此这般，即使猫咪碰巧在搬家的过程中逃跑，捡到它的人也有办法联系到你。

---

## 乘飞机旅行

虽然对猫咪来说，乘汽车出行是最常见的方式，但有些猫咪还是可以乘坐飞机实现飞翔梦想的。在后面可以查阅航空公司的宠物飞行政策。

Q：我们的搬家旅程要横穿全国。我从没有带着猫咪坐过飞机。我该怎样做呢？

A：做好准备和放松的态度将会帮助你免除很多旅程中的忙乱。记住下面这些提示也许会让你的旅行更加安全。

- 之前1个月进行的准备：向旅行代理机构或者航空公司预订位置并得到确认。如果可以，预订直达航班。核实航空公司的宠物航空箱和宠物飞行政策。确保盛放猫咪的航空箱通风、空间足以让猫咪在里面有回旋的余地。帮助猫咪适应这个远离故土旅程中临时的家。比如，你可以把猫咪放在箱子里，先带它开车进行短途旅行。

- 之前10天进行的准备：带猫咪拜访兽医，出具健康证明、进行体检和必要的疫苗注射，将健康证明放在箱子外的口袋里或者和机票放在一起，这样就不会忘了。这些文件还需要复印一份，放在行李箱里。如果知道猫咪的旅行状况不佳，可以请兽医开一些镇静剂或有放松作用的草药，这些对猫咪都有帮助。

- 之前5天进行的准备：把项圈、标识牌、链子和挽具放在航空箱里。在箱子上写上自己的名字、家庭住址、联系电话和目的城市的联系人姓名、地址和电话。给猫咪拍一张照片（或者从已经有的照片中选一张），和机票放在一起。这些安全措施只是防备猫咪在芝加哥的奥哈拉国际机场那样巨大、繁忙的机场逃脱，而你必须找到它。

- 之前12小时进行的准备：给猫最后一次喂食，然后就不再喂食了。在随身携带的包里放一小瓶水、干燥食物和婴儿尿垫以防止猫咪出现排便情况。

- 在去机场之前：给猫咪喂少量水，戴上项圈，将链子、挽具放在宠物航空箱一侧的口袋里。将猫咪放在航空箱的正中间，并且确认箱子放在座位上，用安全带系好。

- **在机场**：从主检票口检票进入。绝对不要将猫咪从箱子里放出来，特别是在金属检测器附近。请安检人员将探测棒伸到航空箱里面检查，你则牵着猫咪通过金属探测器。绝对不要把猫咪放在 X 光检测仪上。如果安检人员坚持要将猫咪拿出来，你可以请求与他们的主管进行沟通，向他说明你担心如果猫咪松脱了，可能会在机场里跑丢。

Q：上了飞机后，我怎样才能让猫咪觉得舒服点呢？在旅行过程中，它只能放在我前面的座位下面。

A：保持镇定和放松。为了使猫咪平静下来，可以从箱子的开口处轻轻抚摸猫咪，但不要对猫咪太过关注。有些乘客可能会对猫咪的皮屑和毛发过敏，所以，在飞行过程中一定不要把猫咪从箱子里放出来，摆在腿上。虽然多数航空公司都允许乘客这样做，但是在飞行剩下来的时间里你就得在过道来来回回地找猫咪了。飞机落地后，让其他乘客先走，猫咪就不会觉得受到烦扰。当你们处在一个安全、密闭的空间里时，可以给猫咪喂一些水和一点点干燥食物。

Q：如果我决定将猫咪用货运的形式运送，我要注意些什么？

A：天气和相关的管理规定是你要面临的最大挑战。联邦航空管理规定：禁止在极端寒冷和炎热的天气情况下运送猫狗。

- 选择在 D 舱（货仓）配备有通风装置的航空公司，D 舱是运送活动物和行李的隔间。法律并没有要求航空公司必须安装通风设备，至少目前还没有提出这种要求。

- 如果你的旅行时间气温适中，可以事先给航空公司打电话了解运送活的宠物是否有特殊装置。
- 尽量乘坐早晚间的飞机，这个时间段乘客较少。尽量选择直飞航班，避免意外转机或者延误。

宇宙中有很多极其灵性的生物，猫就是其中之一。

**——佚名**

- 务必和猫咪乘坐同一个航班。
- 不要在航空箱内放任何吃的东西。如果食物造成了消化问题，那这趟旅程就会让人心烦意乱。
- 在航空箱的盘子里放一块冰，冰融化后可以成为饮用水，使猫咪不至于脱水。
- 绝对不要把短脸品种如喜马拉雅猫或者波斯猫用货运的形式运输，它们可能会出现呼吸困难或者中暑的情况。

## 猫咪的快乐时光：再见了，跑车

我非常喜欢我的日产蓝鸟287-2X跑车。它看上去非常炫、速度快、驾驶起来乐趣无穷。当然最令人骄傲的是：那车是我的。但是因为工作的原因，我从匹兹堡搬到了马里兰州的奥申赛德。

搬家的卡车载着我大部分家当行驶了9个小时，同行的还有我的4只年轻的猫咪们：桃子、波奇、斯班瑟和加里（就是加里·格兰特的加里）。为了让它们旅行愉快，我卖了跑车，买了一辆宽敞的旧大众旅行车。每只猫都装在一只大塑料箱子里，里面有一个小的便携式猫砂盆、水、食物和床。

我自认为是个超级猫咪妈妈了，为了满足它们的需求牺牲了我心爱的跑车。但是猜猜怎么着？在整整9个小时的旅程中，它们谁也不吃东西、不上厕所。

——卡伦·康明斯
哈利伯格·宾州

THE
KITTEN
OWNER'S MANUAL

第**8**章
给猫咪选个中意的"家庭医生"

请花上几分钟，从猫咪的角度来看看拜访兽医过程中猫咪所承受的巨大压力吧。首先，把你塞进一个小便携式箱里，这个箱子只有猫砂盆大小——相当的伤自尊。然后，乘车去兽医诊所，过程也让人非常不快。最后，兽医诊所的大门开了——被各种难闻的味道、声音和景象所淹没。我的天啊！那里还有狗——好大个儿！它们还纠缠在一起。还有，有些猫猫看起来也不太友好。

　　在无聊透顶的等候室漫长等待后，你唐突地被带到了一个封闭的房间里，被放在一个冰冷的不锈钢桌子上，你的爪子一阵寒意。有几个穿着白大褂的陌生人对着你的身体指指戳戳，摸你的毛、检查你的嗓子，把仪器伸进你的耳朵，哎哟！哪来一针！！

　　知道了吧？如果你是一只第一次到兽医诊所的猫咪，这绝不是一次完美的出行。当你发现所有危险——真实的和想象出来的——你的猫咪可能都要面对，你一定会采取必要措施使兽医诊所之旅不再对猫咪造成那么大的伤害。

## 如何迅速判断兽医的声誉

是时候为猫咪选一个兽医了。口碑是非常有帮助的，但你还需要自己进行一些调查。

**Q：怎样选一个能够满足猫咪需要的兽医呢？**

**A：**要像选择汽车经销商那样选择兽医，这可比选择冰激凌的口味复杂多了。也就是说，需要拜访、观察和倾听。和养宠物的朋友们闲聊一下，看能不能找到一些潜在的兽医信息。

再花上一点时间和你中意的兽医通过电话聊一聊。下面是一些常见的问题。

- 你们的营业时间从几点到几点？
- 你们晚上和节假日营业吗？
- 你们有没有急诊？
- 诊所一共有几位兽医？
- 其中有注册的兽医技术人员吗？
- 你们有没有专长猫护理的兽医？
- 如果想选择"一条龙"服务，该诊所是否能提供梳理、寄宿和营养咨询服务呢？
- 如果上述问题的答案让你觉得满意，那么就提出下面这个具有决定性的问题：我能过去看看，拜访一下兽医吗？

声誉良好的诊所很欢迎这样的拜访。如果诊所方面的答复是"太忙"没法接待你哪怕只有 5 分钟的拜访，那你就可以把这个诊所从清单上划掉了。

Q：第一次拜访的时候，怎样进行有效的评估？

A：去拜访的时候，不要带着猫咪。走进诊所的门，仔细观察里面的情况，然后问自己：

- 候诊室是否拥挤、吵闹？
- 在里面的心情怎样——平静、快乐还是匆忙，觉得有压力？
- 入口是否装有双套门以防止受惊的猫咪冲到停车场？
- 猫咪和狗狗是否有分开的等候区？
- 是不是看上去、闻起来都很干净？
- 墙上有没有心怀感激的顾客的照片或者写来的感谢信？
- 诊所有没有分隔开的实验室区？手术区？药房？
- 如果有寄宿用的笼舍，笼子是否干净，里面的狗狗和猫咪是否非常平静？
- 当你见兽医时，他们是否有时间回答你的问题？

Q：如果带着猫咪去了一次诊所，但是不喜欢那个兽医，我该怎么办？

A：在做决定的时候，不用让自己陷入一个永久的承诺里。如果兽医在你第一次带着猫咪去就诊时，只花了几分钟的时间，甚至都不做自我介绍，那这就是你最后一次在这个诊所就诊了。去别的地方再找一个就诊时能让你安心的兽医，你的猫咪会得到更有针对性的照顾。

要确保你可以很容易和兽医取得联系，他也愿意倾听并且回答你的问题。

你的猫咪要活15年、20年，甚至更长。它应该有一个愿意花时间了解它、了解它的需要并且了解最新医学发展的"家庭医生"。

Q：兽医账单花费还真不少。给猫咪上保险是不是值得呢？

A：谁也不知道病痛会不会发生在你的猫咪身上。如糖尿病、甲状腺功能亢进等慢性病的医疗费用可能会在每月家庭预算中占相当大的一部分。

宠物健康保险在 20 世纪 80 年代早期就已经出现，根据最近美国动物医疗机构协会的调查，只有 1% 的宠物主人进行了投保。简单为猫咪做个年度预算，平均花费在日常医疗方面的有 130 美元，食物方面为 120 美元。根据美国宠物产品制造商协会对全国宠物主人的调查，玩具的费用、绝育、牙齿清洁、梳理和各种杂费，每年大约 700 美元。

在考虑宠物的保险时，先要详细了解可能的保险公司。在做出决定之前，要知道你的支付款项是每年支付的，支付标准后是否还有保险单，保险单涵盖的是基本的健康医疗还是只有意外和疾病。如果保险有这些支付限制，就要对报价和服务进行查询。要及早动手：猫咪越小，投保越合算。保险金额在猫咪最健康的时候最低。

有些兽医诊所也为猫咪提供健康计划，对"一条龙"服务项目的收费会有折扣。如果兽医提供这样的服务，还是值得询问一下的。

猫咪健康的关键是确保定期进行身体检查和必需的疫苗接种。

Q：在第 1 年里，猫咪需要去好几次诊所进行身体检查和疫苗接种。我怎样才能让这些经历变得不那么可怕呢？

A：关于就诊的一些不良印象是无法避免的。兽医必须对猫咪指指戳戳，掰开它的嘴，检查眼睛、耳朵，还要打针。这就是对一个正在成

长之中的猫咪所做的所有身体检查。

可以在家里进行服药的预防练习。你要尽力抚摸它的毛发、掰开嘴巴、轻轻挤压猫咪的脚垫，检查它的耳朵和眼睛，让猫咪对这些检查不那么敏感。

每隔几周，就在家进行一次2分钟的检查。检查时，可以把猫咪放在洗衣机或者烘干机上，它们的高度和光滑程度与多数的检验台差不多。

- 为猫咪"称重"。站在猫咪上方，通过观察猫咪肋骨后面的"腰部"变化来评估体重的变化。然后，双手放在猫咪的肋骨上。你能够感觉到它们，但是肋骨不会突出来。检查腿和下腹之间腹股沟区域的脂肪堆积情况。如果你有体重秤，可以称量并且记录猫咪的体重。

- 检查猫咪的皮毛。摸起来要光滑。检查是否有皮屑、积垢的皮肤、伤口、跳蚤或者囊肿。

- 抚摸是否有肿块或者隆起。用手在猫咪的前后腿、肩膀下方、后背向下、臀部前和腿下部移动抚摸。检查爪子和脚垫是否有割伤和裂口。

- 轻轻拉下猫咪的下眼睑检查是否为粉红色。眼白应该是有光泽的白色没有红色。检查瞳孔的尺寸和瞳孔对于光的反应。瞳孔应该在有光的时候收缩。如果看到眼睛的颜色有变化，可能是感染了。

- 检查耳朵。它们的外观应该干净、呈粉红色，没有耳垢和强烈的味道。

- 检查牙龈。掀起上唇，观察牙龈，用手指轻微但稳固地压住上牙。当手指拿开的时候，牙龈的粉红色应该很快恢复。检查所有牙齿以确保没有残破或缺失。

这种定期的 2 分钟检查，会帮助你培养猫咪看上去和感觉上有无问题的直觉。如果你发现任何异常，就和兽医联系。最好在问题变得严重之前，尽早发现、及时解决。

Q：我的猫咪就要进行第一次体检了。有哪些必需项目呢？

A：在训练有素的专业人员检查新来的猫咪时，会让新来的猫咪伸出右爪。当你走进检查室的时候，鼓励猫咪去探寻一下检验台。使其看起来就像是一次大冒险，而不是一次吓死人的经历。

你首先要镇定。如果你非常紧张、急躁，猫咪会从你的肢体语言中看出端倪，因此也变得紧张、急躁。如果你非常平和、乐观，猫咪就会觉得，"嘿，这个新地方够酷，我可得好好看看。我的主人在这里陪着我呢。"

当你们等候兽医的时候，可以让猫咪熟悉一下这间检查室。你可以带一根鞋带，让猫咪玩上一会追逐游戏，使其对这个新空间产生好感。

详细的身体检查通常需要 5 ~ 10 分钟。这期间，你的猫咪会经历从耳朵到尾巴的检查。它会称体重、用直肠温度测量体温。然后检查眼睛是否出现异常颜色、肿大或者充血——所有可能出现感染的迹象。查看耳朵是否有污垢和可能出现类似于咖啡渣渣的小虫。鼻子也要仔细检查，看是否有黏液，这些都是上呼吸道感染的迹象。

| 猫咪的真相 |
| --- |
| 　　猫咪的心跳速度是人类心跳速度的 2 倍，110 ~ 140 下 / 分。它们的新陈代谢速度也比人类更快。 |

猫咪的嘴巴也会被兽医打开，检查牙龈、舌头和牙齿。牙龈应该呈粉红色，牙齿没有破损。

兽医还会用听诊器听听猫咪的心跳、肺部工作情况，看是否有异常，例如心脏杂音或者肺部充血。猫咪的腹部区域会接受兽医的触诊，看是否有胀大、积水或者可能的疝气。兽医会给猫咪梳理毛发，看是否有跳蚤、小虫、鳞片或者掉毛等情况。爪子、直肠、生殖器和尾巴也会接受相应的检查。

Q：我计划把猫咪养在室内。它还需要接种疫苗吗？

A：是的。就算是生活在室内的猫咪也会偶然跑到室外去，所以你和猫咪要有所准备。有些疫苗会保护年轻的猫咪免受疾病伤害，这对它们的健康是非常关键的。这些疫苗可以让猫咪的免疫系统形成抗体，与入侵的病菌进行战斗。猫咪在年幼的时候要接受一系列疫苗接种。你需要和兽医根据州法律制定接种计划以满足猫咪的成长需要。

Q：兽医一般会给猫咪推荐什么样的疫苗呢？

A：如果你计划收养猫咪，如果它是一只严格在室内养大的，或者是从动物收容所领养来的，疫苗要根据猫咪的年龄和家里猫咪的数量合理安排。

1998 年，美国猫科医师协会和猫科医学学院公布了他们的推荐指南。建议所有猫咪都要接受一次 3 联疫苗以预防猫肠炎病毒，猫鼻气管炎病毒和猫杯状病毒，此外还有一种预防狂犬病的疫苗，所有这些疾病都是传染性极强的。

Q：猫咪应该何时，以及多久接受一次疫苗接种呢？

A：两个猫科医学组织根据下列规程推荐进行 3 联疫苗（即针对猫科身心失调的 FRCP 疫苗）。

- **第 I 次**：6 ~ 8 周大的时候。
- **第 2 次**：隔 3 ~ 4 周一次，直到猫咪 12 ~ 14 周大。
- **第 3 次**：1 岁大的时候。
- **推动期**：根据猫咪的身体情况，每 1 ~ 3 年一次。

第一次狂犬病疫苗应在猫咪 12 ~ 14 周或者更大的时候进行接种。第二次狂犬病疫苗通常会安排在猫咪 1 岁的时候。然后，根据当地州法律，接下来的狂犬病疫苗应该每 1 ~ 3 年接种一次。

Q：其他猫科疾病的疫苗呢？

A：其他疫苗可以根据猫咪所面临的风险水平进行安排。要和兽医认真商量，这样你们俩就可以做出最符合猫咪需求的决定。

其他可以通过疫苗进行预防的疾病还有以下几种。

- **猫白血病病毒（FeLV）**：猫白血病病毒是头号猫咪杀手。这种病毒会攻击并抑制猫咪的免疫系统，造成癌症和其他慢性以及使身体衰弱的疾病。这种病是通过与患病猫的直接接触，如相互梳理、打斗或玩耍、或分享食碗、水碗或者猫砂盆进行传染的。
- **猫感染性腹膜炎（FIP）**：这种病毒对于猫咪来说是致命的。FIP 会造成猫咪体重减轻、呕吐、腹泻，并且经历神经错乱。这种病的传播形式还不清楚。
- **衣原体病**：这种细菌传播的病会引发上呼吸道疾病。和 FeLV 一样，

为猫之间的接触传播。

- **癣菌**：传染性非常高，这种病可以造成皮疹和机能障碍。

- **支气管炎博德特菌**：这种病菌可以造成上呼吸道感染和肺炎。

Q：接种疫苗少不了用针。怎样才能让猫咪不受惊吓呢？

A：作为主人，当猫咪接受注射时，发出叫声，你最糟糕的反应是尖声大叫"哎哟"，或者立刻冲到它身边说："哦，好了，可怜的小家伙。"如果猫咪第一次接种疫苗的时候呻吟，你发出各种宠爱的声音，它也许会在接受第二次疫苗注射的时候叫得更大声，只是为了从你那里得到同样使它安心的声音。你的反应只会将猫咪的注意力集中到注射这件事情上，而不是使它平静下来。所以，你需要营造一种支持和镇静的氛围。猫咪会从你那里得到某种暗示。

## 去势和绝育

在美国，每天大约有22000只猫和狗在动物收容所接受安乐死，因为没有找到收养它们的主人。这个数目每年累计达到500万～800万之间，大约是弗吉尼亚州的人口数。去势和绝育可以避免猫咪无人照顾和无家可归。

Q：为什么给猫咪进行去势和绝育手术非常重要？

A：除非你是专业的繁育者，需要监督所喂养的猫咪的繁殖问题，否则就应该为猫咪进行去势或绝育手术。为避免一窝窝小猫来到世上，在猫咪发情前就对其进行绝育手术是最好的选择。不然，你可以想象一下：一对猫咪可以在6年内生下127000个后代！

而且，养在室内的猫咪会因为接受绝育（雌性）或者去势（雄性）手术受益：

- 平均来说，经过手术的猫咪，比没有做手术的同胞寿命更长、更健康；
- 在第一次月经（发情）周期之前接受绝育手术的雌性猫咪患尿路感染、卵巢癌和乳腺癌的风险会大幅降低；
- 去势的雄性猫咪出现前列腺问题（包括囊肿、脓重和癌变）的可能性较小，也不会患上睾丸癌；
- 做过手术的猫行为会更加良好，因为它们不会受到荷尔蒙的刺激而跑到外面去寻找伴侣；
- 经过去势的雄性猫参加求偶斗争的欲望也会大大降低；
- 因为科学进步，猫咪最早在6周大的时候，如果体重超过了900克就可以进行绝育手术，手术后一两天就可以复原。

| 猫咪的真相 |
| --- |
| 　自1995年第一个美国绝育日以来，美国进行绝育手术的猫和狗已经增加了400%。 |

为雌猫进行绝育手术的费用平均为45～160美元，为雄猫进行去势手术的费用平均为40～125美元。价格随猫咪的年龄、健康状况、地区、是在公立收容所还是私立诊所进行手术而有所变动。

Q：猫咪能够接受绝育手术的最小年龄是多大呢？

A：由于麻醉技术和手术水平的发展，为一只6周大、体重至少

900 克重的健康猫咪进行手术是不会产生什么风险的。

南加州领导者 4 家动物生育控制诊所的 W·马文·麦凯说越年轻的外科"病人"恢复起来越快。如果在 6 个月大或者雌性猫咪第一次发情之前进行手术，效果会更好。

"考虑到每年死亡的宠物数量，我觉得所有从事兽医职业的人都是缓解疼痛、消除苦难重大失败的一部分，因为我们没有提倡在雌性猫第一次发情之前就进行绝育。"他说道。

Q: 切除卵巢手术过程会怎样进行，为什么这样做对雌性猫咪有好处呢?

A: 切除卵巢手术是将子宫和卵巢切除。手术之后，发情期就不可能出现了。因为多数情况下，即使你做出了最大努力，雌性猫咪还是会怀孕；而卵巢切除可以防止计划外的猫咪出现。

卵巢切除有很多好处。雌性猫咪的发情周期基本上是 1 年 2 次，每次发情都会伴随着两三周让人讨厌的行为不正常。即使把猫咪关在房子里，也无法平息怒气。几个街区之外的雄性猫都会被吸引过来，奇怪的是，这些猫咪似乎是凭空蹦出来的。

---

### 猫咪的真相

猫咪的妊娠期大约 63 天。生产过程平均来说为 2 个小时，情况视胎儿大小和母猫的健康而定。

---

Q: 如果我给猫猫做了卵巢切除手术，它就永远不能当妈妈了。这会不会让它沮丧? 我肯定能为小猫们找到收养的主人的。

A: 我要共享一些常识。第一，猫咪并没有意识到生产的奇迹。它们只是依本能行事，而且，如果没有麻烦不断的小猫咪需要照顾，它们生活得会更加开心。第二，你不能总把收养猫咪的希望寄托于朋友。他们中的很多人只是出于好意而收养猫咪，但是如果他们居住在不允许养猫的公寓里怎么办？而且猫咪需要很多关爱，比我们想象的多很多，你的朋友做好照顾猫咪一生的准备了吗？

**Q：给雄性猫咪去势会有什么好处呢？**

**A：**去势有很多好处。完整的雄性猫咪长大后会有显著的性格变化，它们的占有欲和领地意识变得非常强烈，会用自己的尿液标注地盘，警告其他猫咪不要进入。

雄性猫的尿液气味很大，几乎没法从家里清除。它们还会一直努力保卫自己的领地。这就意味着猫咪之间会发生争斗——这是另一个将猫咪关在家里的原因。争斗会造成严重的感染和脓肿，而且还会惹恼邻居。

## 牙齿护理

没错，为了照顾猫咪，你需要深入猫口——它的嘴里。千万别忽视这个护理，牙齿健康可是猫咪身体健康的重要保证。

**Q：我怎样才能让猫咪开始牙科护理呢？**

**A：**我想你肯定清楚猫咪的注意力集中不了多久。所以，如果想形成良好的牙齿健康习惯，就要将开始的几次训练课程限制在 1 分钟以内，每次几颗牙齿。不要等到猫咪长好恒牙再开始。

幸运的是，多数猫咪如果小时候经过训练都可以忍受刷牙。当猫咪

习惯这个过程之后，就可以慢慢增加每天刷牙的次数。最后，猫咪会乖乖让你打开它的嘴，在你为它清洗牙齿时不再没完没了的挣扎。我们的目标是：没有蛀牙！

Q：给猫咪刷牙最好的方法是什么？

A：在猫咪习惯了让你打开它的嘴巴并且把牙刷伸进去之前，可以尝试用你的手指、纱布或者特制的套管状帽，将套管套在食指上为它清理牙齿。

使用兽医批准的专门针对猫咪的牙膏。一只手轻轻拉下猫咪嘴唇，水平移动、采用螺旋路线轻轻擦洗牙床。当猫咪信任你之后，就换成猫用牙刷。为了增加诱惑力，可以将牙刷浸在一罐鱼罐头里。（相比薄荷味的牙膏而言，猫咪更喜欢鱼味的牙膏）每周至少刷两次牙。

| 猫咪的真相 |
| --- |
| 　猫咪在 2 ~ 4 周的时候就开始长乳牙，到 4 个月大的时候，这些乳牙会脱落，长出恒牙。 |

Q：我的猫咪不愿意让我给它用牙刷刷牙，有什么其他的方法呢？

A：如果猫咪不让你刷牙，可以考虑它那十有八九不会拒绝的心头最爱："鱼"牙膏。每隔几天，就给猫咪一小片新鲜的生鱼，不是从罐头里，而是从超市买来的。买一块卡片大小的新鲜鱼，放在保鲜袋里，装进冷冻室。每次切一块指甲盖大小的鱼片，花上 5 ~ 10 分钟，在冷藏室的密闭盒子里进行解冻，把这块鱼片给猫咪。

这样做有双重含义：生鱼片营养丰富，又可以作为牙刷使用。当猫咪咀嚼生鱼片的时候，鱼肉会按摩它们的牙龈，并清除牙齿表面的牙石。

Q：我的猫咪正在长牙，我经常发现它咬电线。怎样才能让它停止这种行为呢？

A：有些猫咪就是喜欢咬电线，因为外层胶皮嚼起来口感很好。这不仅是个坏习惯，还有潜在的危险。可以种几盆黑麦草，这样猫咪就可以用它来代替电线。在电线比较多的地方比如电器产品周围或者桌子下面，用铝箔纸把电线盖好——这种材质绝对是猫咪讨厌的。同样，苦苹果喷雾剂效果也不错。把喷雾喷洒在电线上，猫咪就会对它敬而远之。

## 梳洗打扮

猫咪天性对梳理就非常挑剔。它们喜欢自己梳洗打扮，但有时候，也需要主人的帮助。

Q：猫咪很爱自己舔毛。我还需要为它们梳理吗？

A：当然。长毛和短毛的猫咪通过定期梳理可以获得很多好处。梳理会减少毛球的出现、控制跳蚤的生长、增加毛发光泽，让猫咪能够更加自由地运动，还能清除死皮（毛），清除毛发的油脂。如果你定期为猫咪梳理，就会发现家具和衣服上的猫毛会越来越少。

Q：我怎样才能让猫咪习惯我的梳理呢？

A：第一步，让你的猫咪习惯并喜欢你轻柔的抚摸和按摩，然后，让猫咪在你的抚摸下对你产生信任。开始的几次，用婴儿发刷，可以帮助它们习惯毛刷的感觉。慢慢逐渐换成猫咪使用的刷子和梳子。

Q：为长毛猫梳理的最好方法是什么呢？

A：对于长毛品种，毛发长度应该从5厘米到15厘米不等，每隔一天就需要梳理一次以防止打结。用钢制的宽齿梳子和针梳逐步梳理，将毛发从皮肤上梳起来，这样可以减少扭结和死毛发。然后将梳子拉到毛发末端使毛发的天然油脂能够扩散到末端。

Q：冬天，家里非常干燥。当我给猫咪梳毛的时候，会有静电。怎样才能避免呢？

A：在和猫咪亲密接触时，你最不需要的就是火花四射。寒冷的日子里，家里的干燥、温暖会积累大量的静电，当你们进行肢体接触的时候，就会放电。

使用加湿器可以增加家里空气的湿度，这样对你们两个都有好处。还可以在为它梳理之前，用抗静电的干燥布擦洗猫咪的毛发以防止猫咪的毛发"漫天飞舞"。

## 松果刷子

买错了猫咪用的梳理刷？没关系，可以用松果给猫咪梳理。松果可以清除死毛、消灭跳蚤、清除死皮，而且还有个最大的好处是，不用花钱！应该选那种干燥、没有树脂的松果。树脂可能会粘在猫咪的毛发上，当猫咪自己进行梳理的时候如果误将它吞入体内，会造成消化不良。

**Q：梳理短毛猫的最佳方法是什么呢？**

A：短毛猫咪如果一周不进行梳理，就会成为超级脱毛狂。每周梳理还有助于清理因为过于频繁的自我梳理造成的毛结。用针梳——一种有柄，梳齿上绑有一定角度细齿的刷子——来梳理毛根部。要轻轻沿着一个方向刷，这样可以清除混乱打结的毛发。从身体向毛发末端刷，然后轻轻反向刷，把未刷的毛置于刷子背面。这样有助于清除松散的毛发。最后按照毛发的生长方向轻轻刷，就可以结束了。

**Q：有什么好办法使毛发顺滑或清除纠缠的毛结？**

A：在毛结处撒一些玉米淀粉。玉米淀粉可以轻松地帮助松开纠结的毛发。然后用手指疏通缠在一起的毛发。最后用宽齿梳子梳理。如果遇到难以疏通的结或打结的毛，用钝边的剪子剪掉这片毛发。

**Q：如果我为猫咪梳了毛，还有必要再用除蚤梳来梳理毛发吗？**

A：用防跳蚤的细齿梳子为猫咪细细梳理，会将各种可能出现的跳蚤小虫驱赶出来，而刷毛发则不会有这样的效果。如果你发现了跳蚤，把它们放在一碗肥皂水里。跳蚤不会游泳，而充满肥皂泡的水面可以防止它们逃走。防蚤梳还可以帮助你发现疥癣、伤疤、死毛。如果在猫咪的身上发现扁虱，不要尝试把它们弄出来。相反，可以在扁虱身上涂一点凡士林，凡士林会将它们润滑。一两天内扁虱就会死去并且脱落下来。

Q：我刚给猫咪刷了毛，并且给它梳理了毛发。现在它又坐在阳光里给自己梳理。为什么？

A：嘿，你的猫咪正在感谢你的好意呢，只不过它要用舌头浴再次向你表明到底谁才是老大。不要把猫咪的这种行为拟人化，这是猫咪的本性。每次在梳理之后都可以给它点美味，这样猫咪就会将你对它的梳理时间与享受时间联系在一起了。

## 常见病

猫咪生病了？让我们再来看看猫咪常见病和有效的解决方法以及治疗计划。如果出现疑问，要向兽医请教。

### 胃肠问题

我们经常有胃部不适、胀气、腹泻和其他消化问题。你的猫咪也会受到这些问题的困扰。

Q：是什么造成猫咪便秘呢？

A：如果你注意到猫咪某天没有在猫砂盆里排便，那它可能便秘了，需要接受兽医的检查。当然也可能是其他的原因。也许病了，不想动；或者吃了一些不该吃的东西，甚至吃了毛发、熟骨头、毛线或者布料。这些东西会在肛门腺或者附近形成脓疮，造成排便痛苦。也可能是缺钾、脱水或是在接受治疗过程中出现的副作用。

## 急诊

如果猫咪拒绝进食、出现强烈腹泻、不断呕吐、舌头肿大、身体虚弱或腹部疼痛，或惊厥，就直接带它去看兽医或者看急诊。如果你怀疑猫咪在生病之前咬了一小口家里种的植物，要告诉兽医那是什么植物。这可以救猫咪的性命。

Q：如果我的猫咪只是偶尔便秘，该为它做点什么呢？

A：通常情况下：猫咪每天至少一次肠胃运动。如果你在清理猫砂盆的时候，没有发现任何粪便，试着给猫咪喂一些罐头食品，或者在它的食碗里撒上一勺燕麦麸，这些都可以使其排便轻松。要确保猫咪喝足够的水，有必要的话可以用滴眼液的瓶子给它喂水。如果连续两天以上猫咪没有排便，就带它去看兽医。

Q：说起来真让人难堪，我的猫咪总是胃胀气。有什么办法能解决这个问题呢？

A：首先找到造成猫咪出现这种胀气的原因。罪魁祸首通常是食物不适于猫咪的消化系统。尝试慢慢变换一下食物，看看情况是否有所好转。

Q：我的猫咪腹泻。我能做些什么帮帮它呢？

A：如果猫咪拉稀就给它停一天喂食。如果停食不能让情况有所缓解，就给它吃一点高岭土果胶（白陶土和果胶制剂）。建议计量为每450克体重1茶匙，每天两三次。如果24小时内，腹泻还没有消失，就要确保猫咪喝足够的水以避免出现脱水的情况。

有时候，腹泻的真正原因是你喂给它乱七八糟的食物。在食物中适当增加一些纤维，以帮助猫咪形成粪便。为猫咪提供充足的水分，避免出现脱水。为使猫咪多喝水，可以为猫咪炖一些鸡汤，凉至室温。在草药方面，榆木粉对于偶然发生的腹泻是最有效的。如果你的猫咪腹泻超过了两天，或者在粪便里发现血，立刻带它去看兽医。

Q：毛球是什么？我能阻止猫咪吃下去吗？

A：毛球的医学学名是 trichobezoar。对猫咪来说，这意味着在它自我梳理的时候，吞入了过多自己的毛发。这些毛发最终进入猫咪的肠道。如果不及时处理，会积累在一起，造成非常严重的肠梗阻。

最简单的解决方法是在猫咪的鼻子上涂一点凡士林。它会自动将它舔掉，消化。因为凡士林会包裹住胃壁，将毛球引出肠道。也可以每周在猫食里加一勺鱼油或者玉米油，这些油可以起到天然润滑剂的作用。其他的毛球疗法还包括每天喂一勺灌装南瓜或者一匙燕麦麸。

Q：为什么猫咪会呕吐？

A：呕吐的原因有很多。毛球是主要原因。

如果你的猫咪进食 30 分钟之内就开始呕吐，应该是连接胃部和小肠的瓣膜出现了问题。这个部位被称为幽门瓣膜，可能痉挛了或者无法充分张开使食物从胃部进入小肠。另一种可能是食道出现异常，导致食物无法到达胃部。

为了查明原因，兽医要为猫咪进行 X 光胸透、胃部检查，然后安排钡盐燃料对食管、胃部、小肠的上部进行扩充。你要和兽医紧密配合，发现问题才能有效解决。

Q: 为什么猫咪喜欢咬我最喜欢的毛衣？现在已经被咬出个大洞了。

A: 喜欢咬毛线或者其他织物的猫咪可能患有异食癖，这种病的特征就是强迫性地摄入无法食用的东西。很难说到底是什么原因造成异食，但是专家们认为，患有这种疾病的猫咪是因为饮食中缺少纤维，而且断奶过早、有分离焦虑和强迫性行为。

你要做的就是在家里消除可能的诱惑，这样你的家就会变成猫咪的乐园——特别是你最喜欢的毛衣。将衣物保存在关闭的壁橱或者衣物篮里，不要放在地板上。在沙发上铺一张棉质床单，就可以阻止猫咪咬沙发上的布艺纤维。

如果你发现猫咪正在吃没法吃的东西，可以分散它的注意力。然后和兽医预约一下给猫咪进行检查。

**感染和寄生虫**

痒啊，痒啊，挠啊，挠啊，这说明你的猫咪被虫子咬了！要采取一些措施保护它。

Q: 为什么猫咪总是挠自己呢？

A: 经常抓自己表明你的猫咪可能有跳蚤、过敏或者受到了真菌感染，而瘙痒会让猫咪发疯。在它消痒的努力过程中，可能抓挠皮肤，甚至抓下来一大把毛发，形成红色的斑点和疤。

瘙痒最普遍原因是跳蚤感染和二次跳蚤叮咬过敏造成的皮肤炎症。感染和过敏都可能造成瘙痒。霉菌感染如癣菌病和某种兽疥癣，也会造成皮肤瘙痒，而且还会传染给人和其他宠物。

为了确定造成皮肤炎症的原因，需要进行霉菌测试和皮肤碎屑测

试。如果猫咪频繁出现瘙痒情况，得带它去兽医那里进行检查。不幸的是，不是所有的皮肤瘙痒都能够被治愈。但是你可以让炎症得到控制，使猫咪感到满意和舒适一点。对皮肤疾病的治疗方法包括清除跳蚤、使用有医疗效果的洗液和天然饮食。

**Q：怎样才能清除跳蚤呢？**

**A：** 跳蚤非常活跃而且数量繁多，它们从恐龙时代开始就已经生活在地球上了，所以它们知道很多如何生存下去的技巧并根据环境进行改变。

记住，跳蚤不会一直停留在皮肤上。它们还会跳到其他地方寻找新的血源或者在地毯的纤维里打个盹。如果不加抑制，跳蚤的繁殖速度非常快。实际上，在1个月的时间里，24只成年跳蚤就可以生下250000个后代！

和兽医一起研究一个治疗跳蚤的最佳方法。有一些新的药物，每个月服用一次，也可以有效、安全地防治跳蚤。这些药有药丸、也有用于局部的滴管形式。

**Q：怎样在家里有效防治跳蚤呢？**

**A：** 兽医推荐了一些正确的打扫房子的方法，这些方法能够让跳蚤无藏身之所。

- **用真空吸尘器每周清理一次房子。** 别忘记沙发和椅子的裂缝以及地下室地板上的裂纹。真空吸尘器还有一个"加热档"，这一档的威力可以将成年的跳蚤、幼虫和虫卵去除，足以达到你的要求。清洁完成之后，立刻将装有跳蚤的垃圾袋封好，扔到垃圾箱里，并盖好盖子。

- 用防蚤梳子每周至少 2 次为家里的动物梳理毛发。每梳理一次，就将梳子在盛有热肥皂水或者稀释后的酒精里浸一下。因为跳蚤不会游泳。

- 每周将宠物的床扔进洗衣机，用热水清洗。包括宠物最喜欢的小毯子和毛巾，都要进行清除跳蚤和虫卵的工作。

- 每周在院子里巡逻一次。清除房子附近遮挡阳光的植物，将潮湿的叶子和草修剪一下，不要在门廊下存放垃圾，因为所有这些都会吸引跳蚤。

### 天然的治理跳蚤的方法

我想和大家分享几个清除跳蚤的成功案例，不论是你还是你的猫咪都不会再受到跳蚤的"骚扰"。

佩德罗和米歇尔·里维埃拉带着他们 3 只精力充沛的猫咪和 4 只爱嬉戏的狗狗住在威斯康星州麦迪逊市郊外的一座房子里。这里远离城市的喧嚣、快餐食品和摩肩接踵的车流。他们的猫狗经常随意在房子的里里外外跑，常年如此。

"我们的宠物都没有长跳蚤，一只都没有。"米歇尔·里维埃拉说道。她是一位注册按摩理疗师和草药医生。"它们已经很多年不长跳蚤了。"

有什么秘密呢？里维埃拉家采用了安全和天然的方法对跳蚤发起攻击。他们对付跳蚤的办法有自己做的饭、维生素和矿物质补充剂，有种草药的名字叫线虫，是一种极小的植物。

"我们发现最有效的控制跳蚤的方法是适当的营养，"佩德罗·里维埃拉说道，他是一位全科兽医。"跳蚤是一种更可能生长在不健康、免疫力低下的动物身上的寄生虫。"如果动物非常健康，强壮的免疫系统就不会使寄生虫有落脚之地。

玛丽·伍尔夫—迪尔福德和丈夫格雷戈里·迪尔福德两人都是草药医生。他们一家住在蒙大拿州的康纳山区。和他们住在一起的是3只宠物。

夫妻俩定期在沙发、椅子的缝隙里撒硼酸粉末，每年两三次。院子里还有以跳蚤幼虫为食的线虫，这种线虫是向宠物用品商店直邮购买的。他们在宠物的食碗里加一些啤酒酵母、新鲜的大蒜和必要的脂肪酸，如欧米伽-3和欧米伽-6。将新采下来的菊花做茶，把泡茶的水作为清除跳蚤的洗剂。将这些洗剂加几滴苦苹果精油喷洒在窗纱上；跳蚤不喜欢柑橘味道。

"要把整个环境里里外外处理好。这是关键。"玛丽说道，"大多数人认为跳蚤多半时间都待在动物身上，其实并非如此。它们会跳，多数时间它们都待在毯子、沙发和地板上。"

---

- **擦洗宠物最喜欢的玩具、项圈和猫砂盆，将它们浸在热肥皂水里，每周一次。**这种方法可以防止跳蚤虫卵孵化。在清洗项圈的时候，一定要给猫咪戴上备用项圈和标牌，这是必要的安全措施，防止它不小心从家里跑出去而走失。

---

### 可怕的跳蚤

跳蚤这种跳来跳去的强大昆虫已经活跃了几个世纪。只有理解了为什么跳蚤如此活跃，你才有可能赢得这场战争。罗威尔·艾克曼是一位兽医、波士顿皮肤科医学院院士，和我们分享了几个关于跳蚤的事情。

- 跳蚤的跳跃距离是自己身体长度的 150 倍。为了让你有一定概念，对人来说就是跳了 300 米的距离！

- 跳蚤的寿命很少超过 1 年，但是不要放松警惕。在它们死前，一只雌性跳蚤可以每个月生下 600 个后代。短短的一生就可以有 7200 个后代。

- 跳蚤更喜欢四条腿的宿主，但是如果周围没有猫咪和其他的动物，它们就会把人作为目标。

- 跳蚤喜欢温暖、潮湿的天气。如果能够选择，跳蚤会选择 18～27℃、相对湿度为 75%～80% 的环境生存。

**Q：耳螨是什么？**

**A：**耳螨像昆虫、小小的。它生活在猫和狗的耳道里。导致耳螨感染最常见的原因是挠耳朵。当猫咪的耳朵出现像咖啡渣滓的黑色物质而显得很脏、出现红肿现象、猫咪过度地摇头或者用爪子抓挠耳朵说明猫咪有耳螨了。

虽然耳螨很快就会离开耳道，但是它们住在耳道里的大部分时间都是在给猫咪们制造麻烦。如果猫妈妈有耳螨，那么它生下来的幼猫也会有耳螨。

治疗办法通常包括请兽医仔细清理。然后使用药物，可以是局部的，也可以是注射的，都可以杀死耳螨。

**Q：所有的猫咪都有虫子吗？**

**A：**肠道寄生虫在猫咪中非常常见。刚刚出生时，猫咪就可能感染肠道寄生虫。如果我说猫妈妈的奶水是最重要的蛔虫感染源，你可能会非常吃惊。

绦虫是猫咪最常患的肠道寄生虫。猫咪在吞食被感染的跳蚤时也会被感染。绦虫的虫卵可以生活在跳蚤里。当猫咪咬或者舔被跳蚤咬了的皮肤时，跳蚤可能会被吞下去。接下来，跳蚤在猫的肠道里被消化，而绦虫卵在肠道里被孵化，并停留在肠道里。

受绦虫感染的猫咪会通过粪便排除一些虫子残片。这些残片呈白色，外观像米粒。仔细点你其实可以看到它们会爬到粪便的表面或者抓住尾巴下面的毛。

如果不进行治疗，这些寄生虫会阻碍猫咪的正常饮食、造成呕吐和腹泻。对粪便样品进行显微镜检查就可以确认肠道是否有寄生虫。除虫药物可以在猫咪 3 周大的时候服用，三四周之后，再吃一次，重复用药非常重要。对经常到户外活动的猫咪进行周期性除虫服药就更是必不可少了。

**心理压力**

人类也会对自己焦躁的生活感到烦恼，但是人类不是唯一承受这种重压的物种。过度的压力也会对猫咪的健康有损害。

Q：我的猫咪看上去好像有粉刺。有这种可能吗？

A：人类的年轻人不是唯一可能患有粉刺的物种。猫粉刺通常出现在下巴，而且局部感染。经常指责猫咪所产生的压力可能是猫粉刺爆发的原因，过敏也会触发粉刺。你需要向兽医咨询最佳的治疗方案。

Q：我的猫咪非常容易受惊。怎样才能使它平静下来呢？

A：这是一种极端的行为问题，镇静剂和抗焦虑药物是帮助猫咪重新恢复情绪平静的必要手段。在与兽医讨论猫咪的行为后，确定治疗计划能满足猫咪的需要。药物只是临时的治疗方法，行为正常之后，就不应该再使用了。

**呼吸问题和过敏**

和人类一样，猫咪也会出现过敏和其他与呼吸相关的问题。

Q：我的猫咪会感冒吗？

A：是的，它也会像你一样感冒。上呼吸道感染或者猫鼻支，在猫咪中非常流行。最普遍的原因就是病毒。急性滤过性病菌感染可以造成发烧、鼻孔堵塞、鼻腔分泌物黏稠、昏睡、没胃口。而糟糕的是——就像治疗人类的感冒一样——其实根本找不到有效杀死病菌的药物，医生只能治表，无法治本。偶尔，因为服用了抗生素的缘故，急性滤过性病菌还会因为二次感染而变得复杂。因为抗生素只能缓解病菌的感染而已。

注意，上呼吸道感染传染性非常强。所以，如果你家里养了很多只猫，感染就会从一只猫传染给另一只猫。上呼吸道感染经常需要 7 ~ 21 天才会发作。如果猫咪出现任何发烧的迹象，赶紧带它去兽医那里进行检查。

好消息是你可以采取一些简单手段让猫咪感觉好些。鼻腔不通和流鼻涕进行气蒸或者用温热毛巾敷就可以缓解，这样清理猫咪鼻孔周围的鼻垢可以让它呼吸更顺畅，恢复嗅觉。

很多有上呼吸道感染的猫咪都患有结膜炎。如果眼睛周围的分泌物呈水状，可以用潮湿的布进行清洁。如果眼睛红肿、轻微斜视，就需要服药了。带着猫咪赶快去看医生。

最好的防治方法？每年进行疫苗接种，减少家里的猫咪与外面猫咪

的接触，更好的方法是通过健康的饮食来增强抵抗力。

> 神造万物，只有猫不能用链子奴役。
> ——马克·吐温

Q：我的猫咪总是打喷嚏——它怎么了？

A：听起来，好像你的猫咪是上呼吸道出现感染或者气管里有异物——就像尖尖的小草、刀片或者玻璃什么的——嵌在它鼻子里，使它不断打喷嚏。过敏也会引发不停地喷嚏。如果发现猫咪鼻子出现黏稠、不清澈的鼻腔分泌物、情绪低落、食欲不振的情况，需要立刻带猫咪去看兽医。

Q：猫咪会有食物过敏的情况吗？

A：猫和人一样，也会对某种食物过敏。过敏反应的症状可以通过皮肤表现出来，特别是难忍的瘙痒。不断地抓挠会造成明显的毛发损失。

如果你怀疑猫咪对它食物中的某些成分过敏，就请兽医或者皮肤科兽医来确定你的猜测。因为很多商业食品中添加的某些成分会导致猫咪过敏。

## 家庭护理

你也可以成为一个了不起的"家庭"兽医。很多时候你必须为它处理一些轻微的伤口或者在必要的时候给它喂一些药水。我这里有一些处理小伤口的方法供你参考。

Q：偶尔，我的两只猫咪在一起玩耍时会抓伤彼此。清理这些
　　伤口最好的方式是什么呢？

A：准备一瓶双氧水和一些蒸馏水。将它们 1 比 1 混合，然后用棉
签蘸上混合溶液，将其轻轻抹在伤口上。千万不要使用纯双氧水，因为
浓度太高会烧坏皮肤的好细胞，从而减慢康复的速度。

用这种稀释过的双氧水溶液每天两次擦洗伤口，随后可以用一些成
分安全、天然的局部抗菌药膏。这样做的目的在于防止感染扩散，加速
康复。

Q：有什么办法能防止脓肿吗？

A：当猫咪们混战成一团的时候，立刻检查它们的皮毛，看看有没
有出血或者潮湿。如果发现有，马上对这些地方进行防感染处理。如果
伤口没有及时清理干净，就会形成脓肿。这种脓肿通常在猫咬发生 3 ~ 7
天之后才会形成，需要特别注意。一旦形成脓肿，则必须切开、抽出液
体、冲洗并且用抗生素进行处理。

Q：我的猫现在必须吃药丸，但是它很不愿意。让猫咪吃药或
　　者胶囊最好的办法是什么呢？

A：当你尝试给你的猫咪吃药时，那种无力感会让你宁可一天几十
次的清理猫厕所。猫咪非常敏感，能够预测出什么时候吃药。它们会马
上冲到床底下或者其他藏匿地点。即使你能够抓到它们，它们也会变身
为柔术高手在你面前扭来扭去，让你喂不进去药。解决方案：学习如何
智取你的猫咪。

● 选择一个小·房间。不要尝试在宽敞的地方，比如开放式厨房或者

起居室给猫咪喂药。猫咪肯定会消失得无影无踪。相反，应该选择一个狭小封闭的房间，如卧室、浴室里，一定要关好门。你说话的语调要镇定、充满信心。如果你的猫咪左摇右摆，就用一条毯子将猫咪轻轻地裹起来，只让它露出头。当它发现无处可逃的时候，就会屈服，并且与你合作。

- **方法1.** 现在，你已经准备好给它喂药了。最快速的方法是将它爱吃的食物搓成一个小球，然后将药片塞在里面。还要再准备一块好吃的零食接着喂给它，以确保猫咪能够顺利吞下药丸。

- **方法2.** 如果你的猫咪把药吐了出来，可以尝试一下这个方法：打开猫咪的下巴，将药丸尽量深地放进猫咪的嗓子眼里。然后把下巴关上，让它微微抬起头，按摩它的喉咙以促进吞咽。试着在它脸上吹一口气。当它眨眼的时候，就会吞咽——这是一种本能反应。

- **以表扬和美味的零食作为结束。** 最后，以表扬和好吃的作为积极的信号，可以使你们两个在下次吃药时都轻松一点。

Q：**怎样给猫咪喂食液体药物呢？**

A：用塑料滴管，不要使用玻璃器材，因为玻璃的容易被打碎。轻轻将猫咪的头歪向一侧。将滴管口放在面颊的一侧，缓慢但是稳定地滴进它嘴里。这个步骤使猫咪可以每次都能吞进一些药。你还可以在它耳朵尖上滴一点药，然后轻轻揉捏使耳朵尖上的毛细血管可以很快吸收药物。但在这么做之前最好先咨询一下兽医。

完成喂药这项艰难的工作之后，一定要对猫咪进行表扬，并给它美食。然后，是让它出去还是留在房间里，看猫咪自己的心情。平静地等上几秒钟，再慢慢走出去，并且向猫咪的反方向走，这样做的话，它会很快放松下来然后意识到你并没有在后面追赶它。

## 猫咪的快乐时光：只是一份电传，夫人

作为一名自由作家，我是在家里工作的，收养赛伦后（赛伦迪佩蒂的昵称），我发现经常会错过重要的电话和电传。后来我知道了原因。赛伦，这只香槟色的暹罗猫——在朋友后院的花盆里被发现的无家可归的小猫——已经知道了如何玩我办公室里的"工具"。

作为一只猫咪，当我不在办公室的时候，它居然会用爪子伸到正在响的传真机下面，然后电话就会被挂掉。天知道我因为它这个游戏错过了多少电话。然后，赛伦引起了我的注意（总是在写作的截稿日期），它跳到我的传真机上，而且明白按下这些可爱的按钮就会产生一些有趣的声音——beep-￥%……*，这下可真让我发疯了。

所以，现在我学乖了，不让它进到我的办公室。如何让它很难把爪子伸到传真机下面呢？在传真机下放一些文件就可以了。后来我用一个盒子，罩住传真机，以防止猫咪把爪子伸进去，它再不能站在上面按按钮了。此外，我还学会确保每天的工作进度——即使是在兴奋不已的日子里——包括一些和赛伦单独在一起的日子。

——艾米·正治
谢尔曼，得克萨斯

THE KITTEN
OWNER'S MANUAL

第 9 章
试试自然疗法吧

计划带着痛恨汽车的猫咪进行一次长途旅行？就算是短途，猫咪也会抓狂、不停地喵喵叫、抓着航空箱的侧壁，想即刻逃出去。但是，也不一定要用兽医开的镇静剂把猫咪弄得醉醺醺的，更好的解决方案是在猫咪耳朵里滴一点巴赫花精油（药店和宠物用品商店有售），可以很自然地使它镇定下来。欢迎进入这个有更多选择处理猫咪日常问题的时代。越来越多的宠物主人已经尝试求助于自然、安全、健康，不像传统治疗方法那样会产生副作用的治疗方法了。

　　为什么不呢？对于我们自己的疼痛和疾病，我们也开始求助于古老的中草药治疗、针灸疗法、按摩疗法。这些疗法对于身体和心灵都有一定的治疗作用，目的是治本，而不仅仅是治标。

　　然而，作为宠物主人，如果你不熟悉药酒或者按摩的威力，就会令你困惑且让你不知所措。

　　20年前，有治疗作用的草药只能在天然保健品商店或者通过直邮购得。今天，你可以买到各种天然草药制成的药丸、茶、草药和其他形式的产品。这些药品在超市、药店和宠物食品商店都有销售。

同时，越来越多的兽医开始意识到自然疗法的重要；传统西医治疗方法被具有同等效果的草药、针灸疗法和按摩疗法所替代。美国整体兽医医学协会的会员人数每年都在增加，越来越多的兽医在替代治疗方面得到了培训。

## 如何开始

准备好为自己和猫咪进行自然疗法之旅了吗？让我们开始吧！

Q：帮帮我啊！能给我一个用于猫咪替代治疗方法的快速纲要吗？

A：如果你对于全科兽医还不甚了解，那么请先看看主要类型和简单描述。

- 草药：几千年来植物一直被用于医疗。植物的花、花瓣、茎或根可以入药以防治各种身体和精神方面的病症。草药与身体的免疫系统相互作用以与疾病进行抗争，对动物的心情和精神状态都有所提升。

- 顺势疗法：这个项目是在 18 世纪初期，由德国的内科医师与化学家塞缪尔·哈恩发展起来的。他相信"类似法则"，意思就是以毒攻毒。顺势疗法就是基于这种理论发展而来的：大剂量会造成问题，但是顺势而为的小计量可以激发恢复过程。顺势药物的原料来自植物、矿物、病毒、细菌、毒品和动物本身。

- 针灸法 / 针压法：这两种方法都是通过保持身体能量平衡的气以减

轻痛苦和提升器官运转功能的。针灸法使用的是非常细的针，而针压法则是用手施加压力，以使身体中被称为经络的某种特殊能量流畅运行。

- **脊椎的指压疗法**：接受了全科医学训练的人知道如何掌控动物的脊椎、骨骼、关节和经络来了解身体上的问题，例如关节炎造成的长期疼痛。

**Q：怎样在当地找到一位称职的采用替代疗法的兽医呢？**

**A：** 好消息是有资格认证的全科兽医师的数量正在稳步增长，在你的家乡，开车不远就可以有这样一家诊所提供替代疗法。包括美国兽医顺势医学院、美国全科兽医医疗学会以及国际兽医针刺法协会等这样的专业组织，也可能帮助你在当地找到一些非常优秀的诊所。

**Q：合格的全科内科医师能为猫咪做些什么呢？**

**A：** 在你决定之前，要拜访一下当地的医师。下面的问题要事先列出一份清单，对你最后确定哪位是最适合的医师会有所帮助。

- 您在全科医学方面取得的资格是什么？周末课程是什么？需要实际操作考试才能获得认证的150小时的继续教育课程是什么？
- 您在全科医学方面执业多久了？对哪个项目最感兴趣？成功率是多少？
- 您属于全科兽医专业组织吗？是个活跃的会员吗？
- 愿意提供您客户的电话号码和姓名吗？

- 您愿意提供最开始时传统治疗方法的兽医讨论案例吗？
- 愿意解释一下整体治疗的概念，并讨论 下您推荐给我的猫咪的整体疗法会出现的任何可能发生的副作用或者安全问题吗？

在选择医生的过程中，如果投入了时间，猫咪就会从一个能够了解它需要的专业健康护理人士那里受益。

## 药用植物

长在你花园里的，是大自然母亲的绿色药房。选择正确的草药，处理成适当的形式、以适当的计量服用，生病的猫咪就会产生奇迹。

### Q：草药的主要形式有哪些？

A：给猫咪吃草药，开始的时候可能会有一点不安。但是用合适的植物、以适当的形式给一些小病小灾进行治疗，可以节省不少开支、也不用总往兽医诊所跑。你可以通过以下方式自备草药。

- **新鲜的**：直接从植物上采集下来就可以。这类草药，你可能会用到花、叶、茎或者根部。新鲜草药要比烘干的草药效力更大。
- **烘干的**：虽然颜色暗淡、味道和效力都不如新鲜草药，但是烘干的草药在新鲜草药不容易得到的时候，优势就显现出来了。烘干的草药要比新鲜的存放更久，在触摸的时候会碎成渣子。
- **茶饮**：含有水溶性物质的草药最好以茶饮的形式服用。可是，猫咪才不愿意喝这种茶呢，你可以把茶饮掺到它的食物或者用针管将混合物沿着下槽牙的齿缝灌进去，这种针管在诊所或者兽医用品商店里都可以买到。注意：在给猫咪喝之前，一定要确定茶已经晾凉了。

- **酊剂**：也称为提取物，这种浓缩、效力强大的植物提取液只需服用很小剂量就可以——几滴或者几茶匙。这些草药滴液可以加进食物、水里，或者直接滴在猫咪的舌头上。

- **胶囊**：草药通常是呈粉状的，装在一个小包装里，这种包装通常用明胶、肠衣包装，可以加快药物成分的吸收速度。

- **膏药和油膏**：这些草药膏可以给猫咪进行外敷。这是处理猫咪轻微割伤和烫伤的天然好方法。

- **湿敷药物**：把新鲜的草药切碎或者浸渍，形成温暖、潮湿的状态。这种药可以直接用于猫咪的皮肤以防止虫子叮咬、红肿以及败血症。多用于防止感染、中毒和外来物对皮肤的侵害。

Q：我自己经常用草药抵抗感冒，提高记忆力。我想知道，猫咪是否也能从这些天然药物中有所收获呢？

A：在给猫咪吃草药的问题上，佩德罗·里维埃拉这位在威斯康星州，斯图尔特文市绿洲恢复中心执业的全科兽医是最有发言权的。他告诫猫主人们要记住以下几点。

- 在购买医用草药之前，一定要先向猫咪的兽医或者专业的草药医生进行咨询。如果猫咪正在服用某些处方药，那这种草药可能会产生反作用或使病情加重。

- 留心喂给猫咪的食物。适当的营养可以使猫咪不生病。这里有一个好建议：避免含有合成食物添加剂的食物，比如曲奇饼干；深加工食品，比如牛肉干。这些食品可能会伤害猫咪脆弱的肠胃。

- 把植物性草药当作处方药。虽然"天然"并来自植物，它们也会致病——甚至致死——如果使用不当的话。比如，柳树皮和大蒜刘于狗狗来说是平和之药，而大剂量的它们对猫咪来说却是虎狼之药，不同品种的动物，生理学的作用是完全不同的。

- 按照标签上的指导用药。在使用草药和顺势疗法的时候，不要觉得越多越好。还有，不要按照人服用的剂量给猫咪服用。

- 每次只用一种新的草药。在加入其他草药的之前，要先进行评估。有些草药一起使用效果很好，有些则可能效用相克。

- 如果可能，就和兽医一起努力，用草药替换正在使用的处方药。从长远来看，使用草药不仅可以节省开支，猫咪也可以少受副作用之苦。

- 不要期待奇迹或者即时疗效。天然药物很了不起，但不是灵丹妙药，不能包治百病。还有，草药永远不能取代西医检测，如果有必要还要进行抗生素、麻醉或者临床检验。草药应该是传统疗法的补充。

### 猫咪最喜欢的草药?

毫无疑问，猫薄荷是猫咪最喜欢的。这种草药可以使猫咪兴奋异常，而我们，则有福欣赏猫咪们的各种即兴表演。但是，只有在猫咪超过 6 个月之后，才能给它用猫薄荷。还有，要限制这种让猫咪非常兴奋的草药的用量，在猫咪 1 岁之前，每周给猫咪用一次就足够了。

Q: 有一次，我在保健食品商店购物，看着一排排五光十色的草药产品，真有点不知所措。有什么具体的建议吗?

A: 曾几何时，"购物"只是意味着走在丛林里，看到什么能够满足猫咪需要的植物，抓一把就是了。现在，如果后院有一小片草地，就更幸运了。我们只需在药店或者宠物用品商店找到自己的草药同盟军。

为了做到明智购物，可以参考下面的购物提示。

- 将购买的清单限制在一两种草药。和全科兽医或者草药医生一起研究清楚，抽出时间了解一下这些草药在掺入其他草药之前，对于猫咪的效果。
- 只购买经过认证的有机草药。这样做可以保证草药在生长过程中，没有使用农药。
- 只购买既标有俗名（例如姜），又标有学名（Zingiber officinale）的草药。这些都需要你进行鉴定。
- 选择标明使用剂量指示的产品。一定要记住使用剂量多半是以一个体重为 68 千克的人为标准。和兽医一起讨论以确定猫咪需要使用的剂量。
- 阅读标签然后了解某种植物的哪一部分用于产品之中。有些草药中的有效部分在根，而有些，则可能在花或者叶。
- 只选择按照含量多少列出成分的产品，从最主要的成分直到溶剂和填充料。
- 选择在双重安全包装上列出公司免费热线电话、网站地址的产品，不要选用包装有改动的产品。
- 检查产品的有效期。有效期通常在包装的底部。如果药品过期了，你要面临药品失去药效的风险。

## 10 种猫用草药

如表 9-1 所示是 10 种疗效广泛而又非常安全的草药，并注明了可治疗的猫咪常见疾病。

表9-1 10种常见猫用草药

| 俗名（植物学名） | 用途 |
| --- | --- |
| 芦荟<br>(Aloe bera) | 轻微烧伤、割伤和蚊虫叮咬 |
| 金盏花<br>(Calendula officinalis) | 轻微伤口、肝压升高 |
| 猫薄荷<br>(Nepeta cataria) | 刺激兴奋度随后镇静、健胃 |
| 药甘菊<br>(Matrinacea recutita) | 减轻疼痛、轻微伤口、缓解焦虑 |
| 紫锥花<br>(Echinaceas pp.) | 增强免疫系统、抵抗感染 |
| 姜<br>(Zingiber officinale) | 增强胃口、缓解肌肉疼痛、缓解腹泻 |
| 欧芹<br>(Petroselinum crispum) | 口气清新剂、轻微泻药 |
| 苜蓿<br>(Trifolium pratense) | 皮肤病、咳嗽 |
| 榆树<br>(Ulmus rubra) | 分散焦虑、止疼 |
| 缬草<br>(Valeriana officinalis) | 神经性胃疼、轻微伤 |

## 按摩治疗

几乎所有猫咪都会告诉你，抚摸拍打好爽——你的猫咪梦寐以求、需要也应该得到定期按摩。定期接受按摩的猫咪会习惯触摸。它们会将触摸与积极的经历联系起来。"这种抚摸会帮助猫咪在梳理毛发、刷洗、剪指甲、乘车旅行、拜访兽医和生育时舒缓压力。"在威斯康星州经营着美国唯一一家国家认证的动物按摩学校的迈克尔·里维埃拉如是说。

### Q：为什么定期按摩会对猫咪有好处呢？

A：这种古老的治疗方法，作用不仅仅是抚慰，也可以让猫咪强壮、健康、感觉良好。同样，还有其他的好处！定期按摩可以增强主人与猫咪之间的联系。正确抚摸猫咪被认为是你对猫咪关注并表达爱心的特别时间。我家那只正在飞檐走壁的卡利一听见我说："卡利，想来个按摩吗？"就会冲着我一路狂奔过来。

艾丽西亚·博伊斯是一位肯塔基州雷德克里夫市的兽医。她也认同按摩会提升你和猫咪之间的感情。每天早上，艾丽西亚都会抽出10分钟给她1岁的猫厄尔和那只3条腿的猫佩吉按摩。她说这对猫和她都是一种放松。

科林斯堡科罗拉多州立大学解剖学和神经生物学专业副教授，也是猫科和马科动物按摩中心的老板，苏·福尔曼博士说，按摩在医疗方面也有好处。通过在猫咪皮毛上移动手掌，你可以检查肿块、伤口、跳蚤或者疾病信号。发现得越早，治疗得越快。按摩还可以有助于减轻慢性病如关节炎等病痛。虽然不会治愈关节炎，但能向出现病灶的地方输送富含氧气的血液，以减少关节之间的僵硬程度。

从感性上来说，专家们认为，按摩可以增强人和动物之间的情感纽带，帮助猫咪减少攻击和其他不应出现的行为，同时还证明了猫这种动物具有的社会性。

"猫咪是非常敏感的，正因如此，它们可能会产生情感上的障碍。"威斯康星州，麦迪逊市的全科兽医，佩德罗·里维埃拉这样说。和妻子米歇尔一道，他们经营着绿洲康复中心，这个中心包括对动物按摩专业人员的培训。"按摩有助于打开猫咪情感上的障碍。"

> 猫咪总会令人印象深刻。
>
> **——伊索**

Q: 从医学角度来讲，猫咪的身体在接受按摩的时候会出现什么情况？

A: 理解猫咪的血流情况会让它享受到更安全、治疗效果更好的按摩。在了解了猫咪的循环和淋巴系统的工作原理后，按摩的刺激就会对身体产生非常积极的作用。

福尔曼博士还提供了这样一个小课程：心脏的血管泵出新鲜、富含氧气的血液到身体各处。这种泵送行为使血液通过血管，最后到达毛细血管，在那里红细胞只能单个通过。

这些细小的血管收集并清除二氧化碳、乳酸和身体产生的其他废物。结果呢？是更好的循环。

现在你知道为什么当你开始按摩的时候，猫咪会发出呼噜声了吧？

## 好心可能办坏事

"我们需要知道一些猫咪的解剖情况，了解有些用于人、狗或者鸟类的技巧并不一定适用于猫，"在威斯康星州经营着唯——家全美认证的动物按摩学校迈克尔·里维埃拉说道，"否则你好心提供帮助，造成的伤害却比帮助还大。"他向获得动物按摩技术认证的人传授如何了解猫咪的信息。

## 通过动作有所了解

下面的 6 个动作是认证按摩治疗师玛丽珍·博尔纳推荐的。在对猫咪使用之前，请先对着枕头或者填充玩具进行练习。

- 滑行：这是典型的抚摸按摩，简单的直线，连贯、持续的动作。经常是从头到尾，一气呵成。
- 打圆圈：指尖呈顺时针或者逆时针运动。
- 波浪：用手掌和伸平的手指进行左—右—左—右的抚摸。这种动作是模仿刮雨器的动作。
- 轻弹：好比你正在将碎屑从桌子上轻轻擦走，这个动作就是从这里获得的灵感。可以用一个、两个或者三个手指进行这样的抚摸。
- 抚摸：将手沿着猫咪的身体慢慢移动，有非常轻、轻和中等重的不同力度。
- 揉捏：这种轻柔的抚摸需要手掌和所有五个手指做出轻弹的动作。在脊柱周围做这个动作是最理想的。

Q：按摩的强度应该多大合适？

A：绝对不要压得过深，按摩肌肉的方向一定要远离心脏，这样才有助于血液健康的流通。触碰要轻柔、爱抚要软、敲击要温和。碰到刚接受过手术或者出现开口伤的地方要绕行。在这些敏感地带要温柔地摩掌，以促进血液和营养的吸收，加速恢复过程。

**Q：按摩速度要多快，按摩时间要多久呢？**

A：你的按摩速度要配合猫咪的心情。让它来决定速度。刚刚从午睡中醒过来的猫咪喜欢轻柔、放松的敲击。刚刚结束激动人心的玩耍的猫咪可能想节奏更快一些、力度更大一些的按摩，时间在 5 ~ 10 分钟即可。如果猫咪变得躁动不安，时间可以略短些。

**Q：何时才是按摩的最佳时机？**

A：猫咪在面对有治疗作用的身体按摩时，是不会拒绝的，但是你需要让猫咪来选择最佳时间。不要因为自己的时间安排而强迫猫咪接受按摩。猫咪能够从你的肢体语言中感受到你的焦躁，那享受就变成折磨了。

在轻轻抓住猫咪的爪子之前，先等上几秒钟。它需要从午睡中清醒过来，然后在主人面带傻笑走向它的时候，以一个类似瑜伽的伸展动作开始。

现在想象自己是一只猫，下面哪种情形是你喜欢的？

- **情景 1：**【响亮，让人激动的声音】"嘿！墨菲！见到你真好！到这儿来，让我拍拍！"大叫之后随之而来的是主人张开手掌一连几下拍着你的脑袋。主人将这个看作是问候、轻拍。对你来说却是一次让人紧张的经历。

- **情景 2：**【轻软的】"你醒了，真高兴啊，墨菲。想不想来点按摩啊？"作为一只猫，你会站起来、伸伸懒腰，然后接受主人从脖子到脊柱再到尾巴根部的 5 分钟肌肉按摩。此时此刻你绝对爽爆了。

第二种情况是所有猫咪都喜欢的。

Q：猫咪似乎很愿意按摩。我怎么开始呢？

A：首先你的手要干燥、清洁。然后慢慢走向猫咪（现在可不是竞走比赛）然后用平静、安抚的语调对它说话。

花上几分钟的时间，轻柔、缓慢地拉拉猫咪的肋骨——每次一下，软化肌肉并且增加动作的范围。用指间和张开的手掌，不要用指甲。然后观察猫咪的肢体语言。

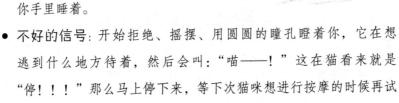

- 好的信号：如果它喜欢按摩，就会表现出一种似睡非睡的样子，用鼻子碰碰你（猫吻），甚至会在你手里睡着。
- 不好的信号：开始拒绝、摇摆、用圆圆的瞳孔瞪着你，它在想逃到什么地方待着，然后会叫："喵——！"这在猫看来就是"停！！！"那么马上停下来，等下次猫咪想进行按摩的时候再试吧。

Q：如果按摩，最好的地方是哪里？

A：这要看你的猫咪了，通常情况下包括你的臂弯、你床脚下它最喜欢的毯子上，窗台、沙发或者椅子上，甚至在铺有地毯的地板上。

## 猫咪的快乐时光：救命的按摩

我听朋友们说起过给猫咪按摩的事情，然后我打算给我 6 个月大的猫咪安妮也试试。当我的手指沿着它的身体移动时，摸到了一块豌豆大小的肿块。我立刻带它去看了兽医。检查表明，是一个乳腺上的癌变。肿块通过手术被彻底摘除了。现在安妮已经 8 岁了，它非常健康。按摩救了我的猫咪一命！

现在我为维罗海滩人道主义协会收容所里的猫咪进行免费按摩，以改善它们的心情，这也会增加它们被收养的机会。

——劳瑞·爱欧迪斯
佛罗里达，维罗海滩

THE
KITTEN
OWNER'S MANUAL

第 **10** 章

# 演出时间到了：教猫咪一些游戏吧

是的，你当然可以教猫咪一些游戏！活生生的例子就是：墨菲，我那只1岁大的猫咪。虽然它只会喵喵叫，不会狗吠，但是它在戴着链子散步时却表现出狗狗特有的热情。它还会坐在那里等着吃零食，在我吹口哨的时候跑过来，在我打响指的时候躺下来。

也许我应该提醒墨菲，它是一只猫。也许它知道，但还是决定继续这样下去。不管怎样，它代表着愿意也能够掌握一些游戏技巧来适应自己玩性的正在成长的猫咪。

当需要教猫咪游戏技巧时，要考虑到乐趣和时机。你的心情和当你尝试将新游戏介绍给猫咪的努力都很重要。想让你的猫因为能够听你的指令，来、坐、停、取回或者坐起来，而成为好莱坞的大明星吗？也许想，也许不想。但是你和猫咪得到的奖励不是用这些可以衡量的。

Q：教猫咪游戏，对它和我有什么好处吗？为什么要花这么长时间训练呢？

A：如果你花了时间训练猫咪、教它一些游戏，就会刺激它的心智、提升它的自信、磨炼它的社交技巧，还有就是可以降低出现行为问题的可能性。你们两个之间的信任水平也会增加，它想得到你，想要和你在一起。当它看见你走过来的时候，尾巴会翘起来，对你打招呼"嗨"。那它就不太可能出现行为问题，而更可能成为一个好朋友。

Q：如果开始训练猫咪，有什么基本规则需要我时刻牢记吗？

A：很高兴你这样问。下面几点可以让你和猫咪的训练变得更简单、更有趣些。

- 在猫咪准备好学习的时候进行训练，最好是猫咪饥饿时，吃饭前。是猫咪适合的时间，而不是你的计划。
- 选择可以让你们单独相处的小而安静的房间。
- 呼唤它的名字以吸引它的注意力。
- 要积极、耐心、鼓舞人心。
- 所发出的声音和手势指令要前后一致。
- 从"来"、"坐"和"停"等基本命令开始。
- 逐渐加入高级一些的命令，"去把老鼠拿过来"，或"如果你想出去散散步，就到厨房门口看看"。
- 不论多么不起眼，每次成功之后，都要提供食物作为奖励，并表扬猫咪。
- 利用猫咪的心理，让它知道你想抚摸它，让它高兴。
- 确定猫咪的接受能力。如果它的行为达不到你的预期，很有可能

是你们的进展太快了。在进入下一个阶段之前，要确定猫咪理解每一个训练步骤。

- 要灵活，并且明白有时候猫咪只是没心情玩技巧。
- 每次只教猫咪一个技巧或者一种行为。猫咪无法一次掌握多种游戏。训练要速战速决——每次课程不要超过 10 或 15 分钟。

## 基本技巧

在基本服从方面，狗狗并不是一枝独秀。猫咪也能掌握一些基本技巧。我们可以从这些开始：

- 来
- 问好
- 回应
- 坐
- 停
- 坐起来
- 去取回来

### 来

在猫主人当中，流传着这样一个说法："当你呼唤的时候，狗狗很快会过来；而猫咪听到呼唤之后，要等一会才过来。"但情况并不一定非得如此。你只需要巧妙地应对猫咪即可。当你和你的猫咪都很想彼此陪伴的时候，可以用此技巧和指令，但这种猫指令绝不要因它在猫砂盆外排便或抓坏了沙发时使用。

**开罐器。** 这是你能够掌控的手段之一。电动开罐器和猫咪之间似乎有某种神奇的联系。你可以利用这种优势。猫咪很快就会熟悉开罐器嗡嗡作响的声音以及随后的美食。所以每次一听到这个声音，都会跑来。

用这种条件反射来教会猫咪服从"来"的命令。最好的时机是叫它过来吃饭的时候。因为想吃东西，所以对你所说的话予以高度重视，这就是动力。

**敲击或碰撞。** 当猫咪不在厨房的时候，一边用金属勺子敲它的空食碗或者用孩子的玩具发出"咔哒咔哒"的声音，来替代电动开罐器。一边说："胡子，过来。"然后，敲击食碗或者再用玩具发出一些咔哒的声音，直到猫咪走向你。猫咪非常清楚它正在向食物靠近，必然会向你走去。如果它这样做了，就用满满一碗食物作为对它的犒赏。

每次吃饭前都重复这个过程，它很快就将这种声音和吃得"肚歪"联系在一起。

**口哨。** 如果猫咪无视你"来"的命令，可以用勺子和美味加快它向你跑来的脚步。呼唤猫咪的名字，吹出"过来"的哨音。如果有必要吸引它的注意力，可以用勺子敲击它的食碗。当它跑过来的时候，要表扬它，然后奉上美食。用不了多久，猫咪就会把食物和呼唤的哨音联系起来。

我的墨菲就算是在午睡正酣时，听到我的哨音也会立刻跑过来。在它准备从露台的门溜出去、爬上大树、行走在邻居家铁皮屋顶的时候，我就会吹出指令。几声哨声就可以让喜好美食的墨菲从树上迅速下来，静静地走进房子享受食物。

它最喜欢的调子是什么？说起来挺怪，可的确如此：电影《危险边缘》的主题曲。每次吹都有用，甚至，当屋子里有客人的时候，也是如此。

### 问好

当猫咪心满意足地躺在你的臂弯里时，跪下来，一手形成拳头。慢慢将拳头伸到猫咪眼睛的正前方。耐心地让它走过来摩擦你的拳头或者用头来蹭。这是一种它向你问好的方式。掌握这个小游戏的好处是当猫咪在被抚摸或被抱起的时候，更加放松。

猫咪要比狗狗聪明。不信你试试让8只猫在冰天雪地里为你拉雪橇。

**——杰夫·瓦尔迪兹**

### 回应

将猫咪最喜欢的食物放在离它几厘米的地方。让它闻到这极具诱惑力的食物。然后呼唤它的名字，重复几次。当它回应的时候，把食物给它。为了巩固猫咪这种行为，口袋里要准备一点零食。友好地问候猫咪，"嗨，"每次它回应的时候，都要表扬它并给它一点零食。很快它就会在用喵声回应和得到零食之间形成联系。

这种技巧在猫咪溜出家门或者从链子里松脱的时候，可以很方便地使用。它更愿意在零食训练的课程中，回应你呼唤它的名字。它也许藏在树丛里，但如果听出你的声音，就会发出"我在这里"的喵喵声。

### 坐

如果你能教会狗狗服从"坐"的指令，就能教会猫咪。猫咪看到了，就能够做到。这是猫咪需要学习的重要技能。当猫咪听从指令坐在地上，它就更容易学会其他技巧、接受其他指令。这些训练最好在吃饭前进行。

1. 选择猫咪觉得安静、舒服的地方。把它轻轻放在离你较近、靠近壁橱边缘的桌子上。友好地轻轻拍拍它，让它放松下来。

2. 说"菲利克斯，坐"的同时，将零食稍微移动到它眼睛上方的位置，在头顶的正上方也可。

3. 当它抬起头，向后仰，眼睛跟着食物移动的时候，就需要坐下以保持平衡。当它坐下后，手指轻击桌面或者打一个响指，说："坐，好好坐。"

4. 重复这些步骤，直到猫咪能够因为你的手势，而不是因为食物引诱就能够完成"坐下"的命令。

5. 如果它不自己坐下，就轻轻压它身体的后半部分。手指轻击或者打响指，然后说："坐，好好坐。"动作要轻，要有耐心，这样才不会让猫咪困惑或者受到惊吓。

当猫咪领会这个动作后，如果换到地板上，它们会不会听从这个指令呢？

下面就要请出你顺从的狗狗。让狗狗按照指令坐下，然后给它奖励。这时让猫咪也做同样的动作。它绝对不希望被一只狗狗比下去的！

**停**

谁也不希望在给猫咪喂药的时候追着这个脚底抹油的家伙满屋子跑。猫咪动作太快，太灵活。所以一定要教给它"停"的命令。下面就是方法。

1. 在一个封闭的区域开始训练，比如装有纱窗的走廊或者小房间，任何没有躲藏地点或者逃匿路线的地方都可以。

2. 当猫咪开始向你移动的时候，呼唤它的名字，然后说"停"。水平伸出手臂，手掌向下，慢慢伸向地面。保持站立的姿势，不要移动。不要追逐猫咪。

3. 在它坐下之后，慢慢向它靠近，跪下来，给它些奖励，"好孩子，菲利克斯"或者"太棒了"。

4. 把它抱起来，给它一个友好的拥抱作为奖赏，然后放在地上。重复几次。

当它在封闭的房间里将"停"的命令已经完成得很好后，就到类似于厨房的开放空间里进行练习，然后你就可以对追着猫咪满屋跑的日子说再见了。

**坐起来**

在猫咪的应用技能训练，"坐起来"这个指令相当于狗狗祈求食物的站起—作揖技巧。显然，猫咪不屑于站起—作揖，所以，它们更适合"坐起来"这个指令。

1. 当你的猫咪看起来很平静、快乐的时候，把它抱到一个合适的地方。可以是在稳固的椅子上，或者地板上。

2. 手里拿着零食，距离它头顶3厘米的地方，说"坐起来"。如果它努力用爪子抓或者用后肢支撑跃起来想要抓到食物或者你的手，不要给它食物。

3. 重复"坐起来"的命令，拿着零食在它头顶停住。当它坐起来，用后肢保持着自己身体的平衡时，就把食物给它，并且及时表扬。

4. 重复这个命令—行为—奖励的流程N次，以强化这个行为。

现在，只要我家的零食时间一到，墨菲和小家伙就会用完美的平衡姿势坐起来。

### 取回来

猫咪是天生的掠食者。它们喜欢追逐、潜行然后抓捕。训练猫咪把东西取回来这项高超技巧，可以挖掘它们的原始本能。选择宽敞、未经整理的房间，或者很长的走廊进行这项技巧的练习。

1. 把一张纸团成一小团，直径有 1 个硬币大小即可；这个尺寸对于多数猫咪来说都是很有诱惑力的。在团这个球的时候，要让猫咪关注新团出来的纸团的声音、样子和味道，这些对于猫咪来说几乎是不可抗拒的诱惑。

2. 让猫咪看着这个在它眼中无比珍贵的纸团，然后扔过它的头顶，说："取回来。"

3. 当猫咪追逐纸团，把纸球打来打去，把纸球塞进它的爪子或者嘴里时，要表扬它。

4. 晃着手，让猫咪向你走过来，然后说："过来。"你要把纸团来回取几次，直到猫咪理解了如何玩这个游戏。

5. 只有当猫咪把纸团放在自己的爪子之间，或者放到你的脚下时，才给它零食作为奖励。

## 高级技巧

有没有把自己想象成一只真正聪明的猫咪？一只渴望挑战的猫咪？也许这只猫能够掌握下面或者所有这些难度更高的技巧。

- 握手
- 碰爪
- 翻滚
- 跳出来
- 戴着链子散步
- 使用猫门

其实这些只是复杂技巧中的一部分。你只是限制了自己的想象力，不知道这些罢了，或者你并不知道你的猫咪是否愿意合作。当然，如果你已经教会了猫咪如何用遥控器给电视换台或者如何去给你拿车钥匙，一定要把你的秘诀告诉我，我可能要比猫咪更好奇，想知道你是怎样实现这些技巧的！

### 握手

从天性上来讲，猫咪是依靠前爪确定方向的。但是，很快你的猫咪就能一本正经地和你握手了。

1. 把猫咪放在你面前，用一小块零食碰碰它的前爪，说："握手。"
2. 当它抬起爪子的时候，轻轻用手抓住它的爪子，轻轻摇晃。然后好好表扬它一番再给它一点零食作为奖励。
3. 重复这几个步骤四五次。如果它握了几次手之后有点烦了，就停下来。训练时间要短，这样猫咪才会觉得有趣，不至于让这些事情烦到它。

### 碰爪

为了完成这个技巧，你的猫咪必须先掌握猫咪基本的服从训练，特别是"坐"这个命令。进行这项技巧训练时，你需要零食和一个咔哒器。

1. 把猫咪放在一个稳定、厚重的桌子上，距离橱柜边缘30～38厘米即可。训练它"坐"。

2. 把一个小玩具、厚重的书或者其他不会碰一下就翻倒的东西放在桌子边上，在你和猫咪之间。

3. 在猫咪面前，距离你最近的物体上放一块零食。（这件物体应该在猫咪和食物之间。）

4. 用你空出来的那只手一边触碰物体的时候一边说："菲利克斯，爪子。"。

5. 当它的爪子因想够到零食而碰到物体或将爪子踩到物体上时，按下咔哒器说："爪子，对，就是爪子。"给它零食，并且表扬猫咪。

6. 如果猫咪不愿意够物体，就把零食挪得离它近一些，然后拍拍物体引起它的注意。当它触碰到了物体马上按下咔哒器并说："爪子，对，就是爪子。"给它零食，并且表扬它。

如果猫咪在一周的时间内几次成功完成这个动作，还要重复这些步骤，但是不要使用咔哒器，只给零食作为奖励即可。最后的目标是什么呢？说出命令："爪子，对，就是爪子"的同时指着地上的物体。如果猫咪按照你的指示完成动作，你就成功了！无论它用左爪或者右爪触碰物体，都没什么关系。

### 翻滚

比较好的情况是如果猫咪扑通一声侧躺下来，翻滚就成功一半了。菲多！翻过来！任何依靠食物刺激行动的猫咪都能够学会翻滚的技巧。

那么，当你有朋友来访时，这就是一项趣味盎然的节目。

1. 当你的猫咪坐在地板上时，在它面前跪下来。

2. 右手拿一块零食，慢慢向猫咪左肩它能看到的一点移去。在移过去的同时，说："翻滚。"

3. 当猫咪想要用爪子抓住零食的时候，就会肚皮朝上，翻滚过来。把零食奖励给它，并且及时表扬。

4. 重复几次。它会在你意识到之前，已经按照指令翻滚了。

### 跳出来

猫咪钻到了床下，而你根本够不到，我相信有你这样经历的主人一定为数不少。很多羞涩的猫咪，包括我的卡利，都会在门铃响起或者看到主人把宠物航空箱从车库里拉出来的时候冲到床底下。它们将门铃和陌生人来访联系起来，而航空箱呢，当然是和它们最不喜欢的地方——兽医诊所联系在一起了。

将猫咪从床底下哄出来的努力几乎是不可能的。这种情况下，只能使用"跳出来"的命令。

1. 把卧室的壁橱和抽屉关好。

2. 让猫咪进到卧室里，在身后把门关好，以免猫咪受到其他事情的干扰，也防止猫咪逃跑。多数情况下，此时此刻，猫咪会直接冲到床底下。

3. 趴在地上，和猫咪进行目光交流。

4. 张开手掌，敲着床，然后平静而坚定地说："菲利克斯，跳出来。"

5. 如果有必要，可以用长把扫帚把猫咪从床底下哄出来，但是不要戳或者捅它。在猫咪身边使用轻轻的扫地动作就可以。要有耐心，要坚持。因为让它从床下面跳出来，可能要花好几分钟的时间。

6. 当它从床底下出来的时候，立刻给它一点零食，并且表扬一番。让它知道你很为它自豪。

7. 把它放在床上，然后走出卧室，让门开着。这会让它知道它现在可以按照自己的意愿行动了，离开或者待在里面。

## 戴着链子散步

面对现实吧，在室内，猫咪的生活只能被限制在它们所住的房子或者公寓里，然后通过露台或者窗户张望外面的世界。训练猫咪戴着链子散步，就可以让它们在安全、有陪护的状态下进入室外这个精彩的世界。

来自得克萨斯兽医学院 A&M 学院，专攻动物行为的兽医——伯尼·比弗说，任何年纪的猫咪都可以训练使用链子，只要步骤正确。

"训练猫咪适应链子可能要花几天的工夫，也可能需要 1 周的时间，这和猫咪的性格以及主人尝试的频率有关，"她说："还要经常给予食物方面的鼓励。当然，称赞也很好，但是对猫咪来说，食物是最有效的鼓励。"比弗博士说："它们受到食物强烈的刺激。"理解了护具和链子是它的朋友，你就可以开始了。记住使用零食的频率，如果猫咪对食物没有了渴望，对学习训练就会完全失去兴趣。

1. 买一个适合猫咪身体的护具。护具不能太紧也不能太松。千万别忘了样式的问题。选择不会让猫咪看了就会炸毛的颜色。任何一只有尊严的猫咪都不愿意戴着荧光色的护具出现在公众面前。

2. 花上一两天的工夫，把护具和链子放在玩具盒里，和猫咪的宝贝老鼠玩具、猫薄荷球、旧鞋带放在一起。让它不受干扰地闻一下、用爪子挠挠它。因为护具和链子放在它最喜欢的东西中间，所以它会将它们与积极的东西联系起来。

3. 将护具放在猫咪身上，停大约 1 分钟的时间，不要加链子，然后给它一点零食。接着将护具取下来。

4. 慢慢增加猫咪戴护具的时间，在取下来之前，给它点零食吃。在它戴着护具的时候，和它一起玩耍以增进舒适的感觉。

5. 下面，就要让猫咪认识链子了。在护具上拴好链子并给猫咪一块零食，表扬它、哄哄它。当它身后拖着链子，走出起居室的时候，你就可以趁机"哦！"或"哇！！"称赞一下，然后再给它一些美味的零食作为奖励。

6. 抱着戴着护具、链子的欢乐猫咪走到外面去。用平静的语调把那些景观，比如站在低枝上的知更鸟什么的，指给猫咪看。然后拉着它回来，再给它一些零食。大功告成。

7. 下一次，带着你的穿戴链子和护具的猫咪来到外面，然后慢慢把它放到地上。在它身边蹲下，用充满鼓励的语气和它说话。让它自己选择想去哪里。

　　几千年前，猫被奉为神。猫永远没有忘记这点。

**——佚名**

　　这个训练会为你和猫咪带来充满乐趣、安全的户外经验。它会发现很多美丽的景色还会消耗掉不少热量。但是不要指望猫咪能够小跑或者像狗狗一样走很长的路。猫咪可能会走上几步，然后停下来，闻闻花香、看着一只甲虫在路边爬过，或者在风中竖起耳朵听听是否有可能的敌人经过。"总的来说，猫的好奇心是与生俱来的。它们愿意去哪里就去哪里，基本上是它们在遛你。"比弗博士提醒道。

## 巡视地盘

带着猫咪出去散步，你要确保周围没有狗狗游荡。户外的散步对猫咪来说应该是一种探险，而不是一次惊魂之旅。同样，要给猫咪剪指甲，这样就可以避免猫咪伤害其他动物或者人，同时也不会因意外受惊吓而抓伤你的皮肤。

### 使用猫门

如果你的露台或者阳台是封闭的，那么符合猫咪身材的门就是不二的选择。这可以让猫咪在主要生活空间来去自如地进入另一个封闭的空间。这让它感觉到自己在广阔的户外，但又非常安全、处于控制之下。最好选择适合你和猫咪的门。

- **选择适合家里的门。** 门的模型可以安装在现有的门、墙上，对滑动玻璃门，可以采用嵌板的方式。
- **门的尺寸。** 应该比猫咪成年之后的身材略高、略宽。如果你不太确定，就请兽医来检查一下。
- **考虑你那里的天气。** 无毒、塑料的推拉门在温和的天气情况下表现会不错，但是在极端冷热情况下就不行了。
- **选择门锁系统。** 锁的种类包括电子锁、链子锁和磁性锁，这些锁一般都安装在面板上，隐

藏在猫咪的门上。

训练猫咪使用这种门需要花1天或者1周的时间，这要视猫咪的情况而定。至于本章所列的其他技巧，一定要对猫咪和自己有耐心，还要使用很多必要的零食。

1. 用一些零食引诱好奇的猫咪靠近门。给它几天时间把门嗅个遍，从而建立信心。
2. 门或者推拉门先不要固定。
3. 请朋友和猫咪待在房子里，然后你走到门外。呼唤猫咪的名字，同时说："来。"伸出拿着零食的手，每当猫咪"冒险"通过门过来的时候，就把零食作为奖励给它。经过几次成功的旅行之后，把门或者推拉门固定。
4. 重复"来"的命令，如果它最后能够通过猫门，就以零食和夸奖鼓励它。每次训练时间不要超过15分钟。

## 一位专业人士的特别建议

你也许会说罗斯·奥迪乐的工作就是研究猫的叫声。她是个专业的动物训练师，现在负责亨氏最新成立的猫有9命——"猫咪莫瑞斯"项目。

这只身形硕大的橘黄色虎斑猫在2000年接管了新一届的"莫瑞斯"，成为公司第四任猫咪形象大使。对于一个出身卑微的猫咪来说，这个结果相当不错。奥迪乐无意中在南加利福尼亚的动物收容所里发现了这只无家可归的流浪猫。

第一眼，奥迪乐就知道这只猫具有明星猫的潜质，它在飞机里、摄像机和观众面前都能够泰然自若。此外，它还有适当的优雅、时尚和机智，这与莫瑞斯 32 年来拥有的传统气质相符。奥迪乐收养了这只猫，并在带它回到自己位于加利福尼亚州家里之后，就开始了对它的训练。

"我帮 9 命团队找遍了上百个收容所以寻找合适的新任莫瑞斯，"奥迪乐说道："情人节那天我见到了它，它的笼子在第二排靠前的位置。它颇有些冷淡，但还算和群。当我把它放在地上的时候，它蹭着我的腿，并且走到其他笼子的前面，好像在说'哈，我有家了。'我们需要一只有信心的猫能够应对很多训练，那么这只猫就是完美选择。"

奥迪乐用积极的巩固方法和条件反射技巧对莫瑞斯和其他明星动物进行训练。开始时她在工作室的椅子上对莫瑞斯喂食，只在喂食时间才把食碗放在那里。蓝色的椅子就是 9 命的 Logo 形象。

"我教会它坐在椅子上，因为类似喂食等好事情就发生在这张椅子上，所以它把这张椅子和安全、美好的事情联系起来。"奥迪乐说道。

下一个挑战：航空箱训练。慢慢地，奥迪乐让莫瑞斯先在家里认识宠物航空箱，然后到车库里把箱子固定在车里，再后来是街区的短程旅行，最后是长途旅行，所以莫瑞丝已经习惯了运动和颠簸。

"我教会所有动物在我打开门的时候，主动走进它们的航空箱。开门就是它们进去的提示。"她说道，"它们都知道走进航空箱就意味着一次欢乐之旅或者一些美味，也可能有个玩具在等着它们。"

接下来的 2 个月的训练里，莫瑞斯学会了如何用前爪做出挥手的动作、坐起以及在陌生的地方如飞机、电视台和豪华轿车里保持平静。

"我们坐飞机从洛杉矶到纽约进行横穿北美的旅行，出席亨氏向 ASPCA（美国防止虐待动物协会）的

捐赠仪式，作为首次亮相，它的表现非常好。"奥德利说道："这是它第一次见到出租车，听着它们的轰鸣声，坐豪华轿车、住酒店。它的好奇心大过了恐惧。"

　　奥德利对想要训练猫咪主人们的最佳建议是：培养自己的耐心和坚持，你就能教会任何年龄的猫咪新的技巧。

## 猫咪的快乐时光：了解 Boogie 滑水四人组

你有喜欢水、愿意乘车出行还喜欢探索新地方的猫咪吗？它也许是去海边冲浪的完美人选，至少也能在你的浴缸里扑腾几下。

你可以将冲浪作为猫咪的极限运动，这是那种非常勇于接受挑战的猫咪才能够接受的技能。迈阿密的赫克特·科斯特纳非常幸运，他拥有不是一只，而是四只热爱这项运动的猫咪。在猫咪们不断和他冲淋浴之后，他发现这些猫咪喜欢水。

赫克特的猫科朋友们——火焰、闪回、小鬼和巨浪——都是佛罗里达州比斯坎湾当地的明星。每个月有那么一两个周六的早晨，赫克特开着他的 SUV 载着猫咪们朝着温暖、诱人的大西洋进发。

他在岸边选择一个安静的地方。然后，他带着安装好链子的猫咪走到岸边。他先把一只猫放进水里，让其他的在岸边观看，这些暂时的观察员由赫克特的朋友照顾。

这些猫咪的平衡能力非常惊人，是天生的 boogie 滑水者。赫克特在旁边游泳跟随，陪伴着每一只猫征服轻微的风浪。如果哪只猫咪要失去平衡掉进水里了，赫克特就会把它捞起来，进行鼓励，然后再把它放到冲浪板上。

一回到岸边，赫克特就把猫咪身上的盐水冲掉，用毛巾把它们擦干，回到车上后，给它们一些零食作为奖励。"我的猫咪热爱海滩，当我给它们擦洗的时候，它们会发出欢快的呼噜声。"赫克特说："它们信任我，知道和我在一起，什么糟糕的事情也不会发生。"